泡沫盘放在营养液中　　分苗

在大棚中进行正常的管理

图1-1 应用营养液育苗法培育甘蓝苗

在钢管大棚上覆盖防虫网

利用连栋温室覆盖防虫网栽培速生白菜,品种为‘早熟5号’

图2-1 利用防虫网栽培速生白菜

左边为移栽5天后的幼苗,右边为移栽40天的成株,品种为‘苏州青’

金字塔型气雾栽培的喷雾喷头和植株的根系

图2–2　金字塔型气雾栽培小白菜

尖头型(牛心型)

圆头型

平头型

图3–1　依据叶球的形状甘蓝可以分为三种类型

下胚轴缢缩成线状的甘蓝幼苗

甘蓝穴盘育苗时的发病情况

图6–1　猝倒病的症状

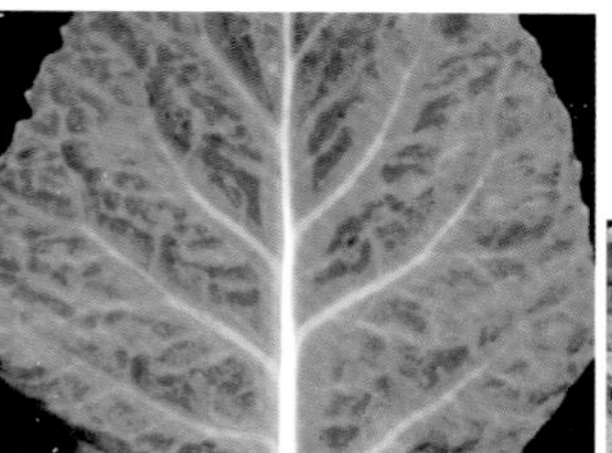

甘蓝叶片

大白菜叶片

大白菜整株

图6-2　病毒病的症状

小白菜病根

大白菜病根

青花菜病根

萝卜病根

图6-3　根肿病的症状

大白菜发病腐烂脱帮

大白菜病叶干枯呈薄纸状

图6-4　软腐病的症状

甘蓝叶片发病

大白菜田间发病情况

图6-5　霜霉病的症状

甘蓝叶片发病

甘蓝的田间发病情况

图6-6　黑霉病的症状

甘蓝叶球发病

白菜茎基部发病

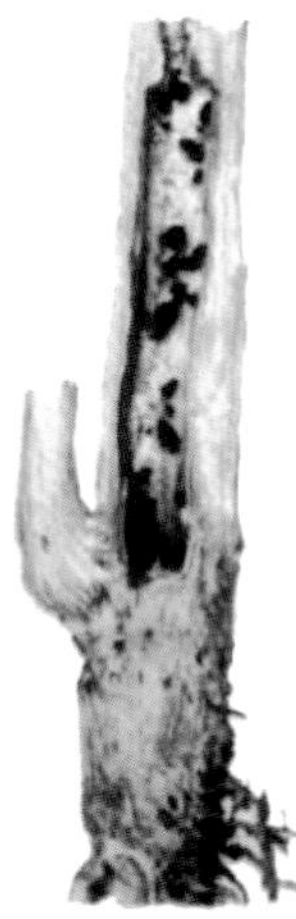

油菜茎基部和果荚中生成菌核

图6-7　菌核病的症状

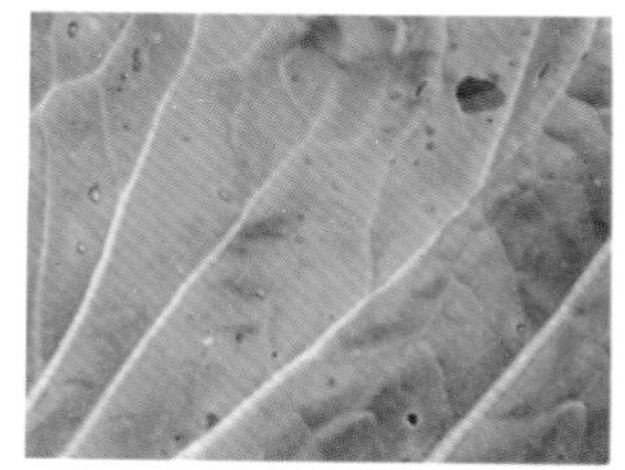

大白菜外叶发病初期

大白菜外叶发病后期

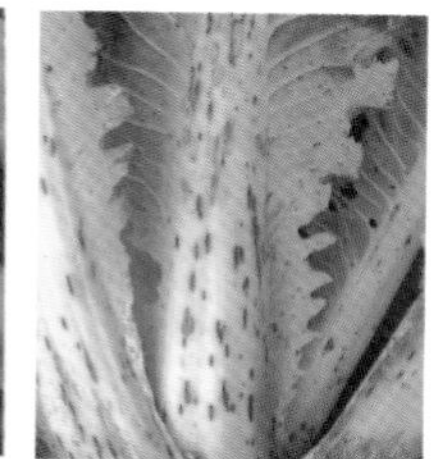

大白菜发病时叶帮形成梭形凹陷斑

图6—8　炭疽病的症状

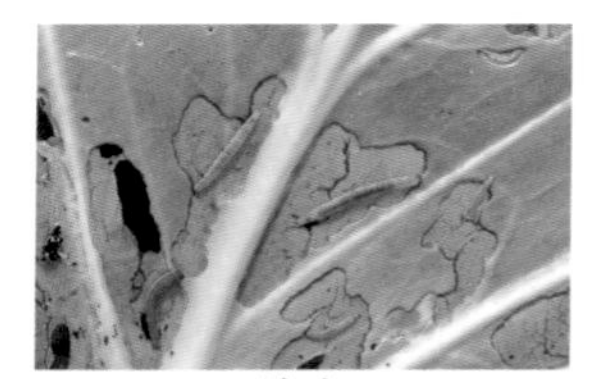

幼虫

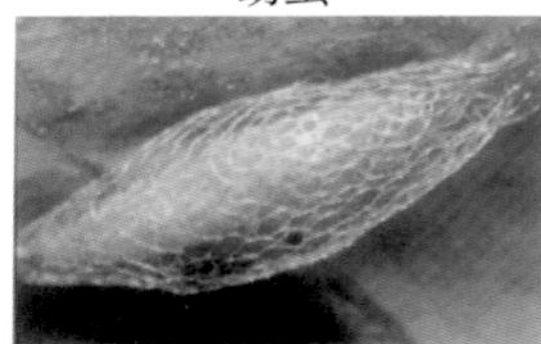

蛹

成虫

图6-9　小菜蛾的不同发育阶段

利用频振式杀虫灯诱杀小菜蛾

利用性诱剂诱杀小菜蛾

图6-10　在田间利用物理方法防治小菜蛾

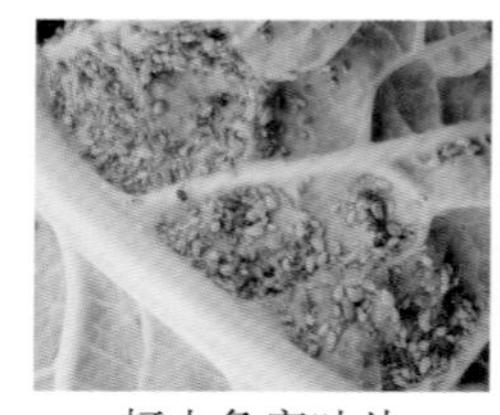

蚜虫危害叶片

蚜虫危害花序

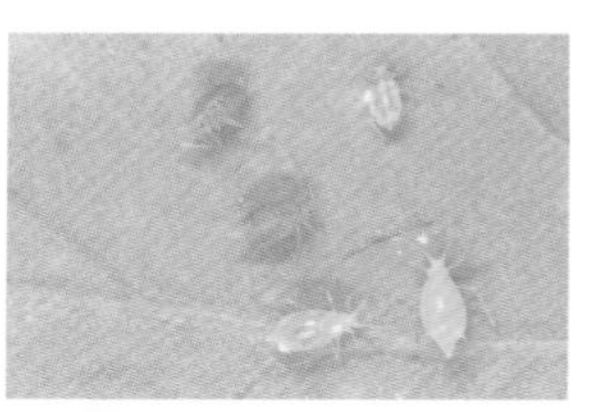

蚜虫个体

图6-11　蚜虫的危害

幼虫

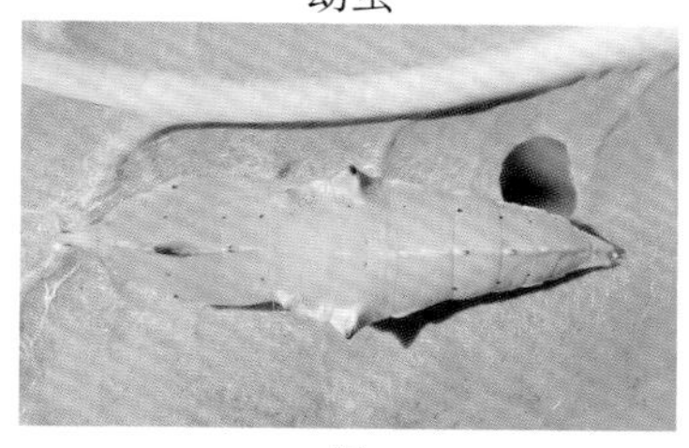

蛹

成虫

图6-12　菜粉蝶的不同发育阶段

幼虫

成虫

幼虫为害植株的生长点

图6-13　菜螟的不同发育阶段

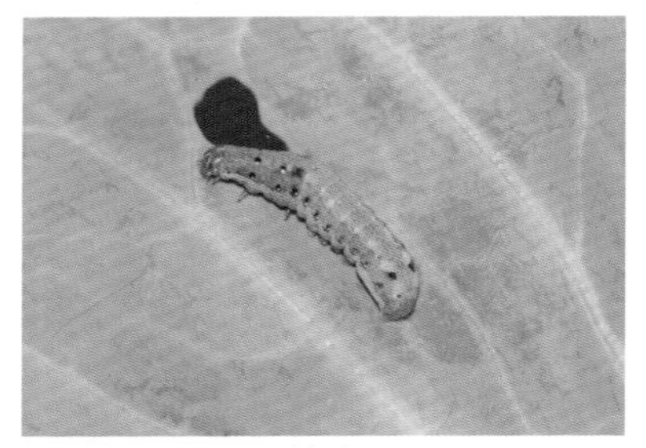

幼虫

成虫

图6–14　斜纹夜蛾的不同发育阶段

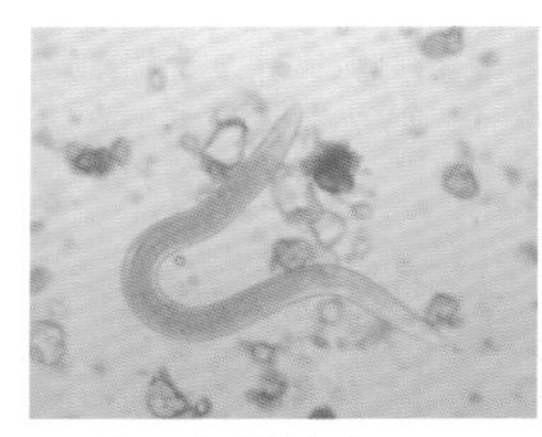

根结线虫

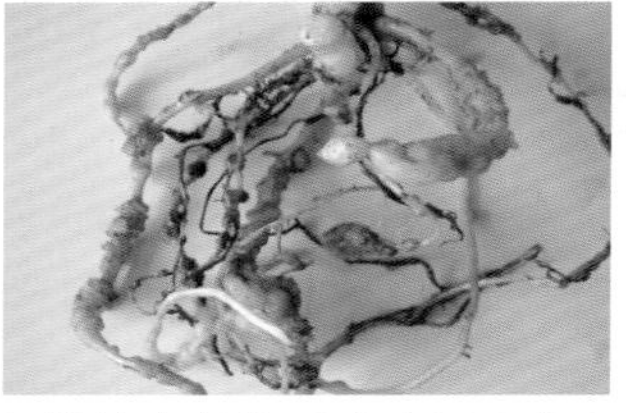

根结线虫侵染后造成根瘤产生

萝卜感染根结线虫

图6–15　根结线虫的危害

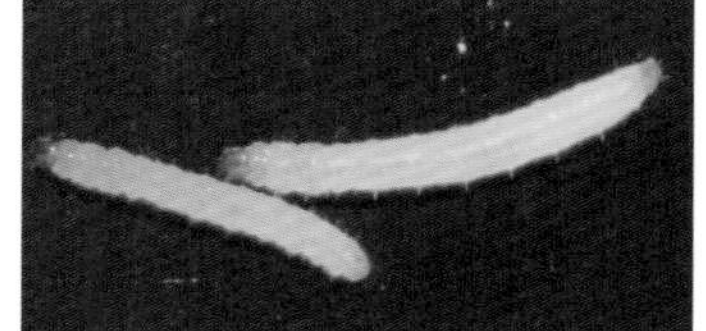

幼虫

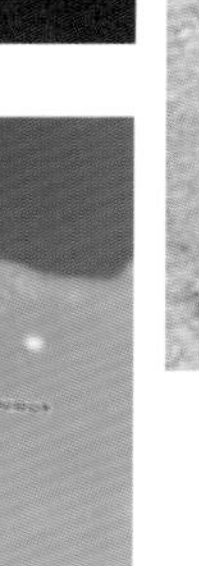

成虫

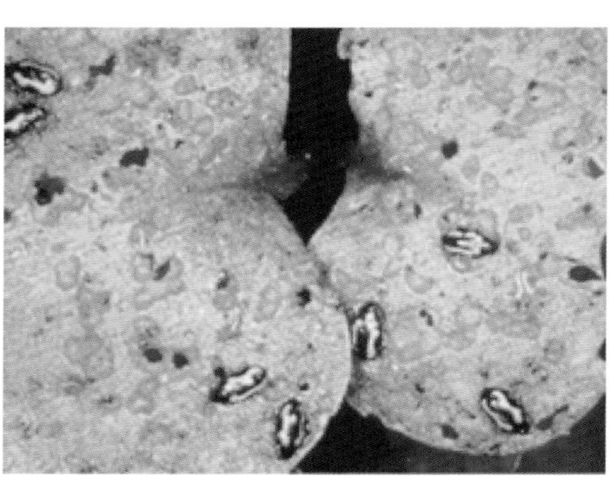

成虫为害十字花科蔬菜的子叶

图6–16　黄曲跳甲不同的发育阶段及其危害

社会主义新农村建设书系
服务“三农”重点出版物出版工程
浙江大学农业技术推广中心组织编写

十字花科蔬菜高效栽培新技术70问

余小林　黄　鹂　向　珣　编著

图书在版编目(CIP)数据

十字花科蔬菜高效栽培新技术70问 / 余小林，黄鹂，向珣编著. —杭州：浙江大学出版社，2013.9
ISBN 978-7-308-12039-5

Ⅰ. ①十…　Ⅱ. ①余…　②黄…　③向…　Ⅲ. ①十字花科—蔬菜园艺—问题解答　Ⅳ. ①S63—44

中国版本图书馆CIP数据核字(2013)第195337号

十字花科蔬菜高效栽培新技术70问

余小林　黄　鹂　向　珣　编著

责任编辑　阮海潮(ruanhc@zju.edu.cn)
封面设计　林智广告
出版发行　浙江大学出版社
(杭州市天目山路148号　邮政编码310007)
(网址：http://www.zjupress.com)
排　　版　浙江时代出版服务有限公司
印　　刷　杭州杭新印务有限公司
开　　本　880mm×1230mm　1/32
印　　张　7.125
彩　　页　4
字　　数　154千
版 印 次　2013年9月第1版　2013年9月第1次印刷
书　　号　ISBN 978-7-308-12039-5
定　　价　25.00元

前　言

十字花科蔬菜主要包括白菜类、萝卜类、甘蓝类和芥菜类四大作物，是我国栽培面积最大、食用最普遍的蔬菜种类之一。其产量高、易于栽培、供应期长，对我国城乡居民的蔬菜供应有着重要作用。中国是大部分十字花科蔬菜种类的初生或次生起源中心，蕴含有众多的种质资源和丰富的遗传多样性。随着我国农业产业结构的调整，十字花科蔬菜的栽培面积越来越大。据不完全统计，2010—2012年间，十字花科蔬菜的栽培面积约占我国蔬菜总面积的40%以上。

十字花科蔬菜富有营养，其产品除主要作为鲜销（生食或炒食）外，还可加工或外销，具有较高的经济价值。绝大部分十字花科蔬菜属喜冷凉蔬菜，在我国多数地区可以越冬，一些耐热品种也可以越夏，因此，大多数十字花科蔬菜种类能够做到周年生产和周年供应。进入21世纪后，随着保护地栽培的普及，尤其是防虫网、有机栽培和生物农药等新方法与新技术在生产中大面积地推广应用，十字花科蔬菜的经济和社会地位得到了进一步的提高，但在生产中也出现了诸如品种不配套、病虫害日趋严重（如根肿病）和生理障碍突出等一系列问题。上述问题随着栽培地区的扩大和栽培季节的延长，在一定程度上阻碍了十字花科蔬菜生产的进一步发展。为了普及十字花科蔬菜的栽培知识、解决生产中出现的新问题，我们本着实用、先进、科学的原则编写了本书，尽量搜集国内外同行专家有关最新的成果，试图通过本书普及一些科学种菜的知识，解答十字花科蔬菜生产中遇到的关键性技术难题，尤其针对长江中下游蔬菜生产地区，以供广大专业农户和基层科技工作者参考。

为了便于读者更好地阅读，全书以简明扼要和深入浅出的问答方式进行编写，包括十字花科蔬菜的育苗、白菜类蔬菜（普通白菜、大白菜）的栽培、甘蓝类蔬菜（结球甘蓝、花椰菜和青花菜）的栽培、芥菜类（榨菜、雪里蕻）蔬菜的栽培、萝卜的栽培、十字花科蔬菜的病虫害防治和十字花科蔬菜的生理障碍等七部分。其中，甘蓝类和芥菜类蔬菜栽培由黄鹂编写，萝卜栽培和十字花科蔬菜的生理障碍由向珣编写，其余部分由余小林编写，最后由余小林统稿。此外，研究生刘振宁、刘亚培、吕彦霞、张梅、董衡和张芳等人对本书的编写也有贡献，在此一并致谢。

由于各地的气候条件、土壤条件、栽培条件或栽培习惯以及栽培管理水平的不同，加上影响十字花科蔬菜生长发育因素的多样性和复杂性，以及编者水平的局限，本书不可能解决十字花科蔬菜生产中的所有问题。同时，由于时间紧迫、资料收集匆促，疏漏、错误和不当之处在所难免，恳请广大读者批评指正，并提出生产中出现的新问题，以便将来有机会再版时加以充实和完善。

编　者

2013 年 8 月于启真湖畔

目　录

CONTENTS

第一章　十字花科蔬菜的育苗

问题1　不同十字花科蔬菜在江南地区主要的播种期是什么时候？

江南地区是指我国长江中下游南岸，南岭、武夷山脉以北地区，包括湖南、江西、浙江、上海全境，以及湖北、安徽、江苏三省长江以南地区。江南处于亚热带向暖温带过渡地区，气候温暖湿润、变化幅度较其他区域小，四季分明，是很适合各种作物生长的区域。十字花科蔬菜在全国各地栽培十分广泛，有①白菜类：小白菜、菜心、大白菜、紫菜薹、红菜薹等；②甘蓝类：椰菜、花椰菜、芥蓝、青花菜、球茎甘蓝等；③芥菜类：叶芥菜、茎芥菜（头菜）、根芥菜（大头菜）、榨菜等；④萝卜类；⑤水生蔬菜类。

蔬菜的适宜播种期，应根据当地的气候条件、育苗设施类型、蔬菜种类、品种特性、栽培方式与定植期、苗龄等条件来确定。根据定植期和育苗所需的天数可推算出播种期。例如，白菜类7月下旬到10月上旬均可播种。春大白菜适宜播种期为3月中下旬，夏大白菜播种期以最低气温稳定在

15℃以上为宜，一般在5月中旬—6月中旬，采用穴播或条播。穴播用种75～100克/亩（说明：根据习惯，本书仍使用亩作为面积单位，1亩＝667平方米），条播用种150～200克/亩，播后覆细土0.5～1厘米，压实。秋大白菜一般在立秋前后3～5天播种为宜，高温年份可推迟到8月中旬。抗病、生长期长的晚熟品种可以适当早播，生长期短的中熟品种可适当晚播几天。

萝卜类在南方地区一年四季均可栽培。春萝卜在露地栽培时地下5厘米处地温稳定在12℃以上（日平均温度不低于8℃为原则）即可播种。

甘蓝类每年3—7月上旬均可分批播种，夏甘蓝一般于3月下旬—5月上旬播种，早秋甘蓝6月中旬—7月上旬播种，出苗后20天左右移苗，苗龄为30天。夏甘蓝7—9月中旬收获，早秋甘蓝9月下旬—10月上旬收获。

花椰菜应按照品种特性掌握播种期。一般早熟种6月下旬—7月初播种；中熟种7月上旬—7月下旬播种；晚熟种7月下旬—8月下旬播种，春花菜于11月播种。

芥菜类8月中下旬播种。

秋冬型雪菜一般8月下旬播种，春雪菜9月下旬播种。乌塌菜在不同的季节选用适宜的品种可基本实现周年生产。露地栽培的时间为9月播种育苗，10月移栽，12月至翌年2月随时收获。

具体根据品种特性、食用要求及茬口安排等条件来定播种期。冬春栽培可选用冬性强晚抽薹品种；春季可选用冬性弱的品种；高温多雨季节可选用多抗性、适应性广的品

种;秋冬栽培可选用耐低温的品种栽培。但是,在同一地区,由于育苗方式和栽培方式的不同,播种时间也有很大的差异。如江浙一带春季栽培大白菜,若为露地栽培,定植时间大约在3月中下旬,若为塑料棚早熟栽培,可于2至3月份栽植。

问题2　如何配制育苗用的营养土?

育苗是蔬菜生产的特色之一,是蔬菜栽培的重要环节。绝大多数蔬菜可进行育苗移栽,如大多数白菜类、甘蓝类、葱蒜类、茄果类、瓜类、芹菜等。少部分蔬菜不进行育苗,如萝卜、胡萝卜、多数绿叶菜类。目前生产上,最常使用的是穴盘育苗。标准穴盘的尺寸为540毫米×280毫米,十字花科蔬菜育苗宜选用128穴,PS材料,厚度为0.1厘米的方形孔穴的穴盘。生产上,夏季和秋季一般使用白色的聚苯泡沫盘,春季和冬季使用黑色的聚苯泡沫盘。使用穴盘育苗具有以下优点:节省种子用量,降低生产成本;出苗整齐,保持植物种苗生长的一致性;能与各种手动及自动播种机配套使用;便于集中管理,提高工作效率;移栽时不损伤根系,缓苗迅速,成活率高等。

营养土是指用大田土、腐熟的有机肥、疏松物质(可选用草炭、细河沙、细炉渣、炭化稻壳等)、化学肥料等按一定比例配制而成的育苗专用土壤,也叫苗床土、床土。良好的营养土要求富含矿质营养素,且可给性强,有机质丰富:全氮0.8%～1.2%,速效氮100～150毫克/千克,速效钾100

毫克/千克；酸碱度（pH值）6～7；疏松通透，保水能力强，灌水后不易板结和龟裂，总孔隙度≥60%，容重0.6～1.2千克/立方米；无病菌、虫卵和草籽，无工业“三废”，无化学农药、除草剂、激素及其他有毒有害物质。营养土分为播种床土和分苗（移植）床土。播种床土要求特别疏松、通透，以利于幼芽出土和分苗起苗时不伤根，对肥沃程度要求不高。播种床土厚度约6～8厘米。分苗（移植）床土为保证幼苗期有充足的营养和定植时不散坨，应加大田土和优质粪肥。分苗床土厚度约10～12厘米。

配制营养土的主要原料是腐熟的有机肥和大田土以及种过豆类、葱蒜类的土壤。大田土感染蔬菜病菌的机会少，种过豆类的土里有根瘤，土质较肥沃，种过葱蒜类的土里含有硫化物，可杀死土中的一些病菌。这些土壤以表层10～15厘米的为好，土质过黏时，可加入适量的细沙。有机肥以马粪、羊粪为好，其他有机肥也可以，但不能含有盐碱，且要充分腐熟。营养土配方可以是水稻土∶腐熟优质有机质堆肥（或食用菌废弃棒）∶谷壳按5∶4∶1的比例混合，每100千克营养土中加入硼砂50克、50%多菌灵8～10克搅拌均匀，营养土pH值用石灰调至6.5～7.0，堆闷7天后装杯（盘），并均匀整齐排于苗床上。也可用稻田土∶细猪粪以6∶4的比例配制营养土200千克，然后加入过磷酸钙及复合肥各1.5千克，并均匀整齐铺于苗床上。

营养土消毒可用福尔马林（40%甲醛）稀释2000倍或敌克松、多菌灵、甲基托布津等杀菌剂稀释800～1000倍，用药量为每立方米营养土5～6千克药液。消毒时用洒壶一层土

喷一次药液，堆成土堆，盖上塑料薄膜密闭5～7天后混合均匀，再晾5～7天，并经常翻动，待气味散尽后使用。将配好的营养土在播种床铺5～8厘米厚，分苗床铺10～12厘米厚。播种床和分苗床一般是宽1.5米、长5米左右的平畦。

问题3　播种前如何进行种子处理？

1. 种子选择原则

选用抗病、优质、丰产、抗逆性强、商品性好的品种。种子质量应符合国家标准，如GB 16715.2《瓜菜类作物种子　白菜类》、GB 16715.4《瓜菜类作物种子　甘蓝类》及GB 16715.5《瓜菜类作物种子　叶菜类》等的要求。种子纯度≥90%、净度≥97%、发芽率≥96%、水分≤8%。

2. 播前种子处理的目的

精选种子、促进种子发芽出土、消毒、促进壮苗早熟增产、增强抗逆性、打破休眠、春化处理等。

很多蔬菜种子表面甚至内部都有病菌感染，带菌的种子会将病传染给幼苗和成株，从而导致蔬菜病害的发生，因此，蔬菜在育苗前必须进行**种子消毒**，具体操作如表1-1所示。

常用的种子消毒方法除了表1-1提及的三种外，还有药粉拌种消毒法和药水浸种消毒法。在实际生产中，由于要使少量的药粉与大量的种子拌匀比较困难及用药量和药粉颗粒大小对种子黏附力程度的不易掌控等因素，使得药粉拌种消毒法没有得到大面积的普及。在使用药水浸种时，药水浓度、浸种时间及消毒水的温度也较难把握，因此药水浸种消毒法在使用过程中受到了一定的限制。在生产上，一般使用药粉和药水对土壤进行消毒。

表 1-1　不同种子消毒法的比较

消毒方法	温汤浸种消毒法	热水烫种消毒法	一般浸种消毒法
目的	灭菌卵、软化种皮，利于吸涨和透气	强化灭菌效果和软化种皮效果	利于吸涨和透气
水温	55℃（两开兑一凉）	75℃（三开兑一凉）	20～25℃
水量	种子体积的3～5倍		
浸泡时间	10分钟	3～5分钟	3～5小时
吸涨浸泡时间	与蔬菜种类有关		
操作工艺流程	准备种子和用具→（清水漂去瘪籽）→纱布包裹→温汤浸泡→不断搅拌→吸涨浸泡→清水漂洗（搓洗籽表）→脱浮水→催芽	准备种子和用具→清水漂去瘪籽→纱布包裹→热水烫种→不断翻倒降温至30℃→吸涨浸泡→清水漂洗（搓洗籽表）→脱浮水→催芽	准备种子和用具→清水漂去瘪籽→纱布包裹→吸涨浸泡→清水漂洗→脱浮水→直播或催芽
适用种类	种皮较薄的喜温蔬菜或耐热蔬菜	种皮较厚的喜温蔬菜或耐热蔬菜及难吸水种子	喜冷凉蔬菜、种皮较厚、夏季播种

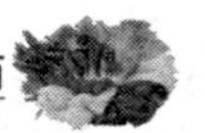

种子低温或变温处理：把浸种后刚开始萌动的种子，放在0℃左右的低温条件下（例如菜窖、冰箱等）5～7天，这种处理方法叫做**低温处理**。把刚萌动的种子，放在0℃左右的低温条件下12小时，再放在15～18℃（室内）条件下12小时，如此高低温交替处理5～7天，就是种子的**变温处理**。种子经过低温或变温处理后，对幼苗的生理特性有很大的影响，可提高幼苗中抗坏血酸和干物质含量，加快叶绿素的合成过程，从而增强幼苗的抗寒能力，使蔬菜的成熟期提前并增加早期产量。一般蔬菜种子经过低温或变温处理后，可提前上市7～10天，早期产量提高20%～30%，尤其使幼苗的抗寒性显著提高。在低温或变温处理时，每天要清洗种子，清洗时用纱布包好种子，经过上述处理后，再经催芽即可播种。

催芽：将浸种后的种子，放在合适的温度、湿度、气体条件下，促进其发芽，叫做**催芽**。催芽前要对种子进行清洗或搓洗，把种子洗至洁净无黏液、无气味后再进行催芽。

催芽的具体操作如表1-2所示，期间温度应前高后低。前高可使种子萌动快，待少数种子露芽后逐渐降温。水分也是前高后低，后期使种子潮而不湿，以利通气和播种。种子量大时每天用温水洗种子1～2次，以洗去种子发芽时所产生的有害物质。当2/3以上的种子发芽后应停止催芽，立即播种。如果不能及时播种，可将种子放在1～4℃的冷凉处控芽，以免胚根过长而造成种子无法播种。

表 1-2　种子催芽所需条件、操作程序及其注意事项

项　目	具体操作程序与注意事项
需要条件	目的:萌发迅速和出苗整齐。 适宜温度:喜温蔬菜 28～30℃、喜冷凉蔬菜 20～25℃。 充足的氧气:种皮去黏膜、采用纱布包裹种子、甩脱浮水。 饱和相对湿度:湿纱布+湿毛巾(拧去浮水)、经常漂洗补水(1 次/12 小时)。 光照(部分种类): 需光型:胡萝卜、芹菜、莴苣、茼蒿等。 中光型:豆类、菠菜、甜菜等。 嫌光型:韭菜、葱、洋葱、茄子、番茄、辣椒、南瓜等
操作方法	吸涨种子包→(加洗涤灵)反复搓洗与清水漂洗→甩脱附水→湿毛巾(拧去浮水)包裹→催芽场所(28～30℃/20～25℃;恒温箱、温室内、炉火附近、炕头、电热毯、上衣袋等)→漂洗补水(1 次/12 小时)+搓洗去黏膜+脱浮水→萌动时胚芽锻炼→50%～70%出芽播种
催芽注意事项	防止缺水,造成籽干和芽干。 防止温度过高过低。可以变温处理。 防止多水,造成沤籽。 萌动时停止搓洗和漂洗,防止伤芽。 防止胚芽过长,以小于 0.5 厘米为宜
胚芽锻炼	低温炼芽: 目的:增强耐寒能力;等待天晴播种。 方法:种子萌动时在 2～5℃下炼芽 1～2 天。

问题4　播种时需要注意哪些问题?

1. 苗床准备

根据蔬菜种类、育苗季节确定育苗设施。目前适宜设施蔬菜生产的畦式主要是瓦垄畦和小高畦,针对不同的灌溉方式选择不同的畦式。若采用滴灌方式,应当选择小高畦,若采用膜下暗灌方式则应当采用瓦垄畦定植。小高畦的高度在15～20厘米,畦下底宽80厘米,上口宽50厘米,畦面平整。瓦垄畦简单地讲是在小高畦的中央开一条沟,供浇水使用。育苗畦的宽度以人站在两边易操作为宜,一般为1.2～1.5米。播种床床土厚5～6厘米,分苗床床土厚10～12厘米。播种前一周可用硫黄粉加敌敌畏进行熏蒸以杀死病菌和害虫,硫黄粉的用量为约4克/平方米。也可以利用干热或蒸气进行土壤消毒。

2. 播种期的确定

播种期是影响幼苗质量的关键技术之一,播种过早易形成徒长苗和老化苗,过晚播种幼苗生长过小,达不到早熟丰产的作用。播种期可根据以下公式确定:

播种期＝定植期前＋日历苗龄

日历苗龄取决于三个方面:设施种类、蔬菜种类、形态标准。一种蔬菜幼苗长到一定大小(形态苗龄)需要一定的天数,或者说需要一定的积温和有效积温。每分一次苗日历苗龄加3～5天的缓苗期;进行低温锻炼时加3～5天;设施性能较差、气候变化较多、较大的季节应再加3～5天。

如果定植期确定后，也可根据育苗期的长短和苗龄确定播种期。

育苗期：是指从播种出苗到成苗所需要的天数。甘蓝类育苗期为70～80天。

苗龄：指幼苗生长发育达到了什么程度，用生长状态表示。

3. 播种量的确定

确定播种量的原则是：既要充分利用播种床，又要防止播种太密造成幼苗徒长。种子质量高、苗龄长、分苗晚或不分苗、种子大的可适当稀播；反之，应适当密播。苗床单位面积的播种量应根据蔬菜种类、种子质量、育苗技术、栽培密度及播种方式而定。十字花科蔬菜作物一般采用撒播法，可按3～4粒/平方厘米有效种子计算。每栽培1亩需要甘蓝种子25～40克。

单位面积需种量＝单位面积定植株数/（每克种子粒数×种子纯度×发芽率）×安全系数（1.5～2）

4. 苗床面积

根据计划栽培苗数、成苗营养面积确定苗床面积。大白菜夏秋穴盘基质育苗栽培，以72孔穴盘育苗栽培增值效果最好。大白菜秋冬栽培，以50孔穴盘育苗栽培增值效果最好。

播种床面积（平方米）＝播种量（克）×每克种子粒数×每粒种子所占面积（平方厘米）/10000

分苗床面积（平方米）＝分苗总株数×单株营养面积（平方厘米）/10000

5. 遵循均匀一致的原则

播种后长期不出苗以及出苗不整齐的主要原因是种子质量差，发芽率低或种子带菌，浸种催芽前未消毒或者消毒不彻底以及苗床环境不适宜，但是如果做到配制均匀营养土，床面平整，播种均匀，覆土一致，播种后加强管理，使苗床各部位温度、湿度一致，透气性一致，那么出苗整齐也不是很难的事情。

6. 防止子叶"戴帽"

幼苗"戴帽"出土的原因主要是种子成熟度不够、贮藏过久或受病虫危害使种子生活力降低，出土时无力脱壳；播种后盖土太薄，幼苗尚未出土，表土已干，使种皮干燥变硬，不能顺利脱落；幼苗刚一出土，过早地去掉覆盖物，特别是晴天中午去掉覆盖物。解决措施主要有：选用良种，浇足底水，种子平放，覆土厚度适当；盖膜保墒，使种子周围经常保持湿润；如果已经发生顶壳出土的现象，除人工辅助脱壳外，可在傍晚向苗上喷水，使种壳吸水变软后经过一夜，子叶可以自动脱壳。

覆土厚度根据种子大小而定，甘蓝类、白菜类等小粒种子一般覆土 0.2～0.5 厘米。覆土太浅，床土易干，出苗困难，且发生戴帽。覆土太厚，顶土困难，出苗延迟，苗较弱。覆土后立即盖上一层薄膜，增温保湿，保证出苗。

问题 5 育苗时如何进行间苗和移栽？

在苗床上，对种子分布不均匀和出苗后幼苗过分密集的苗床应及时间苗，使幼苗有适当的生长空间，促其健壮成长。在此期间，如发现幼苗干旱，要及时浇水，促进幼苗生长。当幼苗长到2片真叶时，进行第一次间苗，株距3～4厘米。幼苗长到4片真叶时，进行第二次间苗，株距10厘米左右。每间苗一次应覆一层薄土。间苗时，除将过密苗、病弱苗拔除外，还可将密处的健苗移植于稀处，提高幼苗利用率。一般经过2次间苗，就可以获得适当苗距，待幼苗长到3～4片叶时即可定植。

炼苗是提高幼苗质量和定植大田后成活率的重要措施。在苗床管理期间，白天只要棚内温度不低于15℃就可随时打开前后门炼苗，视具体情况棚门可微开、半开和棚开。在幼苗发育不受影响的前提下经常炼苗，可适当降低夜温。要特别重视定植前的低温锻炼，一般是在定植前7～10天，应逐渐降温，使幼苗逐渐适应外界环境，最后使育苗场所的温度接近定植场所的温度。但降温不可过猛，以防冻伤幼苗。甘蓝类低温锻炼的适宜温度为白天12～15℃，晚上3～4℃。幼苗经过低温锻炼后，生长健壮，抗逆强，定植后缓苗快，成活率高。值得注意的是，用营养袋育苗的，后期根系已经穿过营养袋伸入土中，定植前2～3天应将营养袋挪动重新排列一次，以切断伸入土中的根系，有利于定植后的缓苗。

当幼苗达4叶1心时，进行移植，移植前2～3天幼苗应根外追肥一次，用0.5％～1％尿素或0.2％磷酸二氢钾加75％百菌清600倍喷雾，做到带肥带药移栽。在移苗之前，把麦地或其他地整平耙细，同时把农肥施到地里，起好垄，

抓紧时间进行移苗，如果阴雨天，特别是下小雨正是移苗的最好时机，应抓紧时间把苗移栽好。在移栽前，刨大坑，施好肥，浇足水；在移栽时，培严土，按实成。同时，做好田间管理。移栽时，如果晴天，天又旱，要采取坐水移栽办法，把小苗栽好。采取坐水移栽生长快，缓苗期短。通过这种方法，只要管理得当，长势、产量、收入均不亚于直播，在一定程度上，产量、收入都会超过直播。

问题6　育苗期间如何进行光照的管理？

光照对培育壮苗的影响，主要涉及光照强度、光照时间的长短和光照中光谱的成分。光合作用的强度，在一定范围内是随光照强度的增加而增加的。在保护地内由于玻璃或塑料薄膜的阻碍，再加上建筑材料的遮阴，使育苗场所内的光照强度明显低于露地。另外，南方冬春季节日照时间短，光照强度弱，为了使幼苗多接受光照，在维持适宜温度的前提下，白天应该尽量提早揭开帘子，傍晚尽量延迟覆盖帘子，以延长光照时间。幼苗因拥挤而互相遮阴妨碍接受光照时，应及时间苗或分苗，使幼苗生长有适当的营养面积，从而达到培育壮苗的目的。在培育壮苗的过程中，清洁薄膜、减少遮阴、人工补光能增加光合作用强度。十字花科类蔬菜喜光，幼苗对光照敏感。光照的时间和强度，一方面影响到光合作用的强度和干物质的积累，另一方面影响到幼苗的形态。在弱光下幼苗节间长，叶薄色淡，含水量高。在强光下幼苗节间短而粗壮，叶厚，色泽浓绿，干物质含量高。所以在幼苗期应采取各种措施，尽量使幼苗多接受光照。

光照中的紫外光，能促进幼苗生长健壮，防止徒长。冬季阳光中的紫外光比夏季少，幼苗容易徒长。玻璃比塑料薄膜吸收的紫外光多，用玻璃温室育苗就容易徒长，而用塑料薄膜温室或拱棚育苗，由于透过的紫外光多，幼苗生长壮，不易徒长。

问题7　育苗期间如何进行温度的管理？

蔬菜幼苗生长量虽小，但生长速度很快。在育苗的环境条件中，温度的高低对幼苗生长的快慢影响最大。温度过低幼苗生长缓慢或停止生长，形成老化苗（僵苗）；温度过高，尤其是晚上温度过高，幼苗生长速度过快，容易形成徒长苗。温度对幼苗的影响，主要包括苗床内的气温、土温和昼夜温差。温度管理应做到“三高三低”：白天高，晚上低；晴天高，阴天低；出苗前和分苗后高，出苗后分苗前低。一般十字花科类蔬菜育苗期间的气温白天25℃左右即可，晚上适当低一些，昼夜温差在10℃左右。土温直接影响根系的生长和吸收，还会影响土壤中肥料的分解，最好能达到20℃左右。例如，甘蓝，播种到出苗期气温应保持在24～25℃，低温应保持在20～22℃；出苗到真叶顶心期，白天气温应保持在15～18℃，夜间气温应保持在8～10℃；真叶顶心到分苗期，白天气温应保持在15～18℃，夜间气温应保持在8～10℃。

目前，生产上在育苗过程中只重视气温的调节而忽视土温，这是造成幼苗生长发育不良的重要原因之一。早春保护地育苗，当土壤湿度过大时，土壤温度不宜升高，容易形成苗床内气温高而土温低的环境。在这种情况下，幼苗的茎叶生长较快而根系活动能力弱，造成徒长。在适宜的温度范围内，当土壤温度较高而气温较低的情况下，幼苗根系活动旺盛，而茎叶生长较慢，成为茎粗短、叶大而厚的壮苗。因此，育苗期提高土温，同时控制气温不要过高，对培育壮苗有重要作用。

采用大棚或小拱棚保温育苗和进行地膜覆盖增温栽培，能防止先期抽薹，又为早熟高产打下基础。棚内温度以白天 25℃左右、晚上 15℃为宜，确保最低温度在 12℃以上。选择天气晴好时定植，定植后的菜苗，遇寒潮低温时，要搭小拱棚保温，严防过早通过春化阶段，造成抽薹开花而减产。

问题 8 育苗期间如何进行湿度的管理？

在幼苗生长前期主要是防止苗床湿度过高。因为湿度高时容易发生苗期病害，所以要经常通风换气，降低苗床的空气湿度和土壤湿度。幼苗生长发育的后期，随着外界温度的升高，蒸发量加大，苗床湿度也随之降低，便会发生缺水。发现幼苗缺水时，要适量浇水。避免苗床内高温高湿而使幼苗徒长发病。棚内相对湿度以 85％～90％为宜，湿度过大可以开启棚门通风透气。

育苗阶段及移栽后幼苗封行前，畦面以湿润为主，封行后畦面干湿交替。夏季大棚内温度高，为防止高温灼伤幼苗，一般晴天于每天上午9时、下午3时各浇一次水，阴天应减少浇水次数，雨天不浇水，以免湿度过大引发病害。当大白菜2片叶展开时，每一纸筒内保留一棵健壮的幼苗；当长到3～4片真叶时，根据营养钵内土壤水分状况，用喷壶可以适当补充水分，经常保持土壤的湿润。白萝卜出苗后，子叶充分展开，露出第一片真叶后进行浇水，浇水量以水能淹到垄背为准，之后适时中耕和定苗，每穴只留一株健壮幼苗。

问题9　育苗期间如何进行水分的管理？

幼苗需要的水分是由根从土壤中吸收的。幼苗吸收的水分除了作为光合作用的原料和构成新的细胞外，绝大部分是从叶面蒸发掉了，这种现象叫植物的蒸腾作用。蒸腾作用是促进根系吸收水分和养分的动力。前期主要是防止苗床内湿度过高而发生苗期病害，需要经常通风换气，降低苗床的空气湿度和土壤湿度。后期缺水一般用洒壶在晴天上午适量浇水，不能大水漫灌。分苗前3～4天要通风降温和控制水分，适当锻炼幼苗，提高幼苗的适应能力。

土壤中含水量的多少，对培育壮苗也有直接的影响。当土壤含水量过低时，根部吸收的水分不能满足蒸腾作用的消耗和其他生理活动的需要，幼苗就会出现萎蔫现象，这时如果及时浇水，能迅速恢复原状。如果长期缺水，则光合作用下降，其他生理活动也受阻，生长趋向停止，容易形成细小而硬化的老化苗。当土壤含水量过高时，如果温度也

偏高，光照又不足，则幼苗容易徒长。此外，过高的土壤含水量使土温上升缓慢，削弱了根系的吸收能力。因此，土壤保持适宜的含水量，有利于培育壮苗。

生产实践中，应根据幼苗生长阶段和天气进行控水和浇水，以保持畦面湿润、不见自由水为准。从播种到齐苗，即胚芽露出到子叶出土微展，可以多浇水，促进出苗整齐。从子叶微展到破心（初生真叶显露）要适当控水，防止徒长而成细弱高脚苗，促进扎根及胚轴加粗。3 片真叶期和后期要相对控水。播种后 15～18 天是幼苗叶片数和叶面积迅速增加时期，要适当多供水。

此外，近年来在生产中推广应用的营养液育苗技术也备受生产者所关注，因其用无机营养液在特制的容器内培养种苗，不用土壤，所以也被称为无土育苗（见彩图 1-1）。营养液育苗所需物质和设备主要是育苗基质、无机盐、容器、循环系统和测试仪表。

营养液育苗的简要操作步骤为：

（1）建苗床　采用单体大棚或连体大棚，一般 6 米宽大棚可作一畦或两畦，用红砖或水泥砖砌成池子，池深 20～30 厘米均可，畦面平整，压实并铺上无破损、不漏水的薄膜待用，四周走道留 50 厘米宽。

（2）准备漂浮板与基质　水培育苗用的漂浮板全部采用 3 厘米×3 厘米 162 穴的泡沫板，6 米×33 米的标准池子放穴盘 700 余盘，一次可育成 10 万余苗。基质用腐熟、筛细过的腐质土，每 100 千克加 20 千克灶土，10 千克珍珠岩石混合，然后加 2 千克过磷酸钙或 0.5 千克复合肥及 400 倍液 50％多菌灵粉剂进行消毒，将基质喷湿至手能捏团即可加入穴盘。

(3)播种　一般采用人工播种，先把穴盘基质填满刮平用手指压后(穴深0.5厘米)即可播种，每穴1～2粒，播种后用基质把种子覆盖好，再将漂浮板放到育苗营养液的池子里。夏天播种时应创造较低温的发芽环境。

(4)管理与分苗　其生产管理与露地育苗基本一致，其中，在营养液供给上要采用全元素配方防止缺素症状发生。当秧苗处于容易徒长阶段时营养液的供给应严格控制。定植前5～7天减少供液量，加大放风量进行炼苗，使叶色变深，茎杆坚挺。分苗时，轻轻将苗取出，尽可能少损坏根系，最好是一面取苗，一面移植，避免幼苗长时间日晒，分苗后及时给液，防止基质干燥。

问题10　育苗期间如何进行追肥？

在肥料施用上掌握“一基一追”，即基肥为主，少量追肥的原则，追肥应在生长前期施用，以降低产品的硝酸盐及亚硝酸盐含量。追肥必须严格执行开沟、撒粪、浇水、覆土、盖膜同步进行，完成一行，进行一行。严防撒粪以后不能及时浇水、覆土、盖膜，造成氨气挥发，危害作物。追肥的整个操作过程要在晴天上午拉开通风口以后进行，严禁阴天或傍晚时间追肥，以免操作过程中挥发的氨气危害作物，以及防止增高温室内的空气湿度，诱发病害。

追肥以速效氮素化肥为主，薄肥勤追，前轻后重。幼苗定植成活后，及时施一次起苗肥，以后每隔5～6天追肥一

次，移植后到采收一般追肥 3 次，每亩每次用氯化钾 2 千克，加碳酸氢铵 2～4 千克冲水浇施，碳酸氢铵浓度由稀到浓。每次追肥后立即用清水洗菜叶一次，防止产生肥害。结合喷药用0.2％磷酸二氢钾或其他叶面肥根外追肥 2～3 次。

品种不同，追肥的次数和用量也不同。例如，大白菜分为苗期、莲座期、结球期等三个时期进行追肥。苗期追肥在幼苗 2～3 片真叶时进行，每亩追施纯氮 1.8～2 千克。莲座期的大白菜的外叶正处在迅速生长时期，这时株型较小便于操作，所以这是一次十分重要的追肥，可以在离根 18～20 厘米开沟埋入腐熟有机肥 1200～1500 千克/亩，也可施入总氮量 5～7 千克的无机肥料或复合肥。追肥后应注意及时浇大水，以弥补开沟时伤根的损失和促进肥料的吸收。当大白菜进入莲座后期至结球初期时，地上地下部分都处于最旺盛的生长期，对肥料的要求也达到最高峰。此时叶片已充分发育将地面盖严无法进地施肥，因此要使用容易被水溶解的化肥随水流入田间。总氮量可控制在 4～5 千克/亩，隔 10 天左右可再追肥一次，总氮量应控制在 3～4 千克/亩。

直播根芥生长发育期间可视具体情况追肥 5 次。当幼苗的子叶展开后进行第一次追肥，用粪水比为 1∶7 的稀粪尿每亩施用 500 千克。第一次间苗后，中耕除草时追第二次肥，用比例为 1∶5 的粪尿水每亩施 800 千克。定苗后，植株生长迅速，需要充足的肥水，可进行第三次追肥，每亩施硫酸铵 10～15 千克。进入莲座期后，为促进肉质根膨大，可追第四次肥，每亩用尿素 10 千克、硫酸钾 4 千克。当进入肉质根膨大盛期，追加第五次肥，可加速肉质根膨大，提高产量，此次用氮、磷、钾复合肥每亩施15～20千克。追肥施用时要早施，并配合施用磷、钾肥，若追肥过晚、氮偏多，就会使地上部生长过盛，影响肉质根膨大。

此外，目前在蔬菜的有机栽培中，有机肥的使用越来越多，不同种类牲畜和不同垫料以及所用饲料的不同，都会影响肥料中的养分含量（表1-3）。

表1-3　不同牲畜粪肥尿及厩肥养分含量(%)

种　类	水分	有机质	N	P_2O_5	K_2O
猪　粪	85	15.0	0.5～0.6	0.45～0.60	0.35～0.50
猪　尿	97	2.5	0.3～0.5	0.07～0.15	0.20～0.70
猪厩肥	72	25.0	0.45	0.19	0.69
土　粪（以土垫圈）	—	—	0.12～0.58	0.12～0.68	0.12～0.53
牛　粪	83	15.0	0.32	0.25	0.15
牛　尿	94	3.0	0.50	0.03	0.65
马　粪	76	20.0	0.55	0.30	0.24
马　尿	90	7.0	1.20	0.01	1.50
羊　粪	65	28.0	0.65	0.50	0.25
羊　尿	85	7.0	1.40	0.03	2.10

（摘自：汪兴汉. 蔬菜环境污染控制与安全生产. 北京：中国农业出版社，2004）

问题11　如何防止十字花科蔬菜秧苗僵苗？

十字花科蔬菜种子小、发芽快，但出苗率比较低，而且其播种期大多处于高温暴雨期，必须严格掌握其播种育苗技术，才能提高出苗率，培育壮苗。

苗期的生理病害应该以预防为主，因此要找准病因，对症下药。

僵苗，也称为“小老苗”、“老化苗”，是指苗期受不良环境因素的影响，导致生理失调、生长缓慢的病苗。主要表现为苗小而萎缩，茎细而硬化，叶片小、不开展，根系颜色变深，不发新根，根少，生长极为缓慢，定植后缓苗慢。僵苗在冬前不能旺长，越冬时易受冻害，春后秆细角果少（油菜），严重影响品质和产量。造成僵苗的原因是多方面的，但各种原因归为一点，就是秧苗定植前有意或无意地过度炼苗，使得茎叶组织过度老化，引起定植后幼苗长时间不发棵而形成僵苗。

僵苗是多种因素造成的，防治方法应该视具体情况而定。

1. 水分过多造成僵苗

原因：田间或苗床排水不良，或整地时田间土壤含水量过大，形成暗渍；土壤湿度过大，使菜苗发生渍害，导致根系缺氧，生长缓慢甚至腐烂，外层叶变红（甘蓝），内层叶生长停滞，叶色灰暗，心叶不能展开。

防治方法：应该在栽苗前提早疏通“三沟”，及时排除田间积水。选择晴好天气整地，定距打窝栽苗，施足有机干底肥，少施水肥。栽苗成活后，抓住晴天薄片深锄，以利散湿透气，促进发棵长苗。对于由渍害引起的僵苗，要疏通或加深排水沟，降低地下水位。结合中耕，施入草木灰或腐熟的厩肥，提高土温。

2. 过度干旱造成僵苗

原因：干旱不仅引起植株缺乏水分，而且也伴随缺素症状，如叶片发红、发紫。旱情严重时，肥料不能发挥效益，缺水导致缺肥，从而形成僵苗。干旱造成的僵苗，根系正常，地上部与涝害僵苗相似。田间土壤表现为表层发白硬化，甚至龟裂，晴天中午植株可能有萎蔫现象。

防治方法：移栽前如果干旱严重，应先进行灌水造墒，再抢墒移栽，栽后交足定根水；移栽后遇到干旱天气，只需在干旱期间连浇2～3次肥水，就可以很快恢复正常生长。对于免耕移栽，可采用沟灌的方式，灌水到沟深的2/3，让水渗透浸润土壤。翻耕移栽田，可采用浇水抗旱的方式，并结合追肥进行，即淋施稀薄的肥液，促进生长。

3. 土壤板结造成僵苗

原因：由于土壤板结，根系发育不良，生长受到抑制而引起僵苗。

防治方法：做好中耕工作，第一次浅锄细锄，将表土挖松；第二次做到株边浅锄刮草，行间深锄松土，清除杂草。

4. 缺素造成僵苗

原因：氮素缺乏时，植株矮小，叶片狭窄，叶色黄绿，严重时茎基部叶片发红。有以上症状时，应该及时补施速效氮肥，用碳铵15千克/亩，兑稀薄粪水淋施。缺磷也会造成僵苗，秧苗表现为上部叶片暗绿无光泽，下部叶片呈紫红色，出叶缓慢，根系发育不良。对于缺磷引起的僵苗，可叶面喷施0.3%磷酸二氢钾2～3次，每3～5天1次。同时施过磷酸钙25千克/亩或钙镁磷肥30～40千克/亩。磷肥施前可与有机肥混合堆沤发酵，腐熟后施用。土壤严重缺硼的地方也容易发生僵苗。苗期缺硼表现为植株生长缓慢，叶

片发紫，心叶不发，严重的会造成根系腐烂，心叶干枯，根颈肿胀，最终造成菜苗生长停滞。旱情较重或者渍害伤根影响对硼的吸收，也会出现缺硼症状。

防治方法：移栽前 2～3 天，苗床用 0.1%～0.2% 的硼砂溶液 30～60 千克/亩叶面喷施一次，或用 0.5～1 千克/亩硼砂兑水 100～150 千克/亩淋蔸，带硼移栽，可防止早期缺硼僵苗。土壤缺硼的田块，在移栽时用硼砂 0.4～0.5 千克/亩与土杂肥混合后作底肥施用，或在移栽后用水稀释后浇施，同时搞好抗旱或排渍，促进根系吸收。

5. 早期病虫害造成僵苗

病因：主要是受蚜虫和病毒为害所致。受蚜虫为害，叶片皱缩下卷，叶色先发暗、后发红或发黄，心叶不易展开，但根系正常。病毒病为害，叶片皱缩，出现黄斑，生长缓慢。

防治方法：病毒多由蚜虫传播，只要及时打药灭杀蚜虫，即可防止因病虫害而造成的僵苗。发现局部有蚜虫为害时，可用 100% 蚜虱净（吡虫啉、大功臣）2500～3000 倍液喷雾；发现病毒病症状，要及时用 5% 菌毒清 300～400 倍液每 7～10 天喷 1 次，喷雾 2～3 次。同时注意用药防治菜青虫等。为提高农药的杀蚜效果和抑制病毒病的发生，在防治蚜虫的溶液中加 500 倍的食用醋。

6. 苗龄过长造成僵苗

秧苗移栽定植过迟，苗龄过长，生长发育受到抑制而形成僵苗。

防治方法：给秧苗以适宜的温度和肥水条件，促使其迅速生长，并适时定植移栽。或者喷 10～30ppm 的赤霉素，用药量为每平方米100毫升溶液，喷药后有明显的刺激秧苗生长的作用。

7. 过度炼苗造成僵苗

秧苗移栽定植前过度炼苗，使幼苗茎叶组织过度老化，引起定植后幼苗长时间不发棵而形成僵苗。

防治方法：适度炼苗，通风降温和降低土壤湿度要根据苗床实际情况灵活掌握，炼苗时间一般7～8天，健壮苗则3～4天即可。

问题12　如何防止十字花科蔬菜秧苗萎根？

"萎根"是夏菜育苗中经常遇到的问题。秧苗"萎根"的症状有：根部不能发生新根和不定根，根皮发锈后腐烂，地上部发黄并逐渐萎蔫，很容易拔起，叶缘枯焦。开始发生"萎根"的秧苗，叶片容易萎蔫，就是缺少水分的表现。但是，发生根部病害或根部虫害，或床土过干等，也会引起叶片萎蔫。所以，在发现秧苗萎蔫时，应该首先检查根茎叶是否发生病虫害，以及床土的情况，在确定产生萎蔫的原因后，再"对症下药"。

秧苗发生"萎根"的主要原因是土温过低。在低温下，由于根的吸收作用减弱，甚至停止吸收肥水，使地上部分的茎、叶因缺乏水分和矿物质营养而停止生长。床土湿度过大，往往是造成土温过低的主要原因，而在寒冷季节，在苗不发生萎蔫的限度内，宜减少浇水，保持床土稍干，这样土温容易上升。但由于叶片萎蔫后降低其光合作用能力，减

少养分的制造，故床土不可过分干燥。连续阴雨天气容易发生“萎根”，其原因一方面是由于阳光弱，苗床温度降低，另一方面是由于秧苗的光合作用弱，制造养分少，秧苗缺少足够的营养，以致根的活动能力下降。一般来说，叶色淡绿，叶柄较长，趋向徒长的秧苗容易发生“萎根”；而叶色深绿，茎粗壮的苗不容易发生“萎根”。

根据“萎根”产生的原因，宜采用综合措施加以防治。第一，苗床最好高出周围土地，并开深沟，防止苗床附近积水。第二，采用营养土育苗，床土疏松肥沃，色泽较深暗，这样不仅能够提供较多的养分、维持适当的土壤湿度，而且有利于土壤温度的上升，促进根系的生长。第三，天气寒冷时，在秧苗不萎蔫的前提下，保持较低的床土湿度，以利提高土温。第四，及时间苗和移苗，使秧苗之间保持一定距离，以利于通风透光。第五，阴雨天气过后，应注意及时排水，严禁在苗床周围有积水。

问题 13　秧苗产生药害怎么办？

因农药使用不当而引起的蔬菜生长不良现象称为药害。苗床秧苗药害问题逐年严重，轻者影响秧苗的正常生长，降低秧苗素质导致减产；严重的受害秧苗失去栽培价值，而重新育苗会影响正常的栽培进程，从而给农民带来很大的经济损失。所以育苗前和育苗中一定要提高药害防范意识。

症状：秧苗产生药害时，叶片发灰，叶面坑包不平、褶皱发硬，叶片变小，抑制植株生长，叶片会干枯坏死，叶缘叶尖最明显，严重时生长点变白，最终导致秧苗死亡。

1. 引起秧苗药害的原因

（1）育苗床土中长效除草剂残留导致除草剂药害　生产中比较常见的有水稻田土壤大量使用2，4-D丁酯、二甲四氯残留药害；大豆田用过咪唑乙烟酸、氯嘧黄隆和氟磺胺草醚残留药害；玉米田土壤莠去津、2，4-D丁酯残留药害。从这些田块取土育苗，容易造成蔬菜秧苗不生根、畸形、黄化、烂根、僵苗、弱苗、干枯、萎缩、枯萎死亡。

（2）苗床封闭除草药剂使用不当造成药害　目前生产上常用的苗床除草剂多为丁扑合剂或丁草胺，产生药害的主要原因包括：①药剂使用量过大。农民为保证苗床除草效果，随意加大除草剂的使用量而产生药害。②苗床覆土过薄或苗床覆土不均匀，在覆土薄的地方容易产生封闭药害。③苗床封闭剂下淋产生药害。施药时低洼积水的地方、喷施封闭药后浇水，药液随水下淋对未出土的幼芽、长势弱的幼苗或低洼积水的苗床造成药害。④苗床封闭剂在低温、高湿、高温等恶劣条件影响下，造成药害。

（3）施用药剂选择不当、使用技术不规范，药液浓度过大、重喷等产生药害　没有按照药品使用说明书进行操作，没有选对秧苗的用药时间，或者施药时药剂兑水量过少、施药器械洗刷不彻底存在除草剂残留、重复施药等都可能会造成秧苗的药害。

（4）除草剂雾滴的挥发和飘逸产生药害　由于邻近农田、菜园等使用除草剂而造成育苗床秧苗遭受飘逸性药害，

一般经风传播所造成，即使没有风刮飘移药剂的情况，下透雨后有雾也可传播药剂气味，造成药害的发生。

2. 防治措施

在生产上应该根据药害形成的原因，有针对性地采取防治措施，以避免不必要的经济损失。

(1)选择优质育苗土　药害防治应该以防为主，所以对上年或上一生长季施药情况不明确的田块不取土；施用过2,4-D丁酯、二甲四氯的水稻田第二年取土育苗要慎重；施用过咪唑乙烟酸、氯嘧黄隆(或含有该成分的混剂)的大豆田，两年内不从该地取10～15厘米表土育苗；过量施用氟磺胺草醚的大豆田、芸豆田，第二年不从该地取10～15厘米表土育苗；超量施用莠去津(或含有莠去津的混剂)的玉米田，第二年不从该地取10～15厘米表土育苗。要精耕细作，播种前应该先确保苗床平整，覆土均匀，避免存在低洼积水的地方；等苗床上的水分完全渗下后再使用封闭药，施用封闭药剂后应避免再浇水。

(2)加强苗床管理，避免外界环境条件影响　苗床附近农田施药应该选择在无风天气进行，施药时最好能对苗床进行覆盖，防止飘逸药害。

(3)谨慎用药　首先应该根据具体播种品种，详细咨询商家适宜的药剂种类，并按照使用说明书严格控制药剂用量及施药浓度，避免重喷和漏喷。其次在施药前应该确保施药器械已经清洗干净，并且施药器械的雾化效果要好，避免跑冒滴露。

(4)喷施叶面肥　在进入大量喷施除草剂的时期，用金元宝液体肥料或其他叶面肥料，进行秧苗叶面喷施，一般5～7天一次就可以预防药害。

如果已经发生药害，对于一些除草剂引起的药害，可以采用灌水或喷水的方式进行补救，保护地栽培的苗床应该放大风以排除残留药味；也可以用药剂补救：吉林绿野神125毫升兑水15千克，然后进行全株喷洒，一般3天可以恢复生长；或者喷洒天然芸苔素；对于抑制或干扰植物体内赤霉素合成的除草剂、植物生长调节剂如2,4-D丁酯、甲草胺、杀草丹、禾大壮、乙烯利、整形素等药剂，在药害后喷洒赤霉素可以缓解秧苗药害情况；对于产生叶部药斑、叶缘枯焦和植株黄化等症状的药害，增施肥料或叶面喷施叶面肥可减轻药害程度。

问题14　秧苗产生肥害怎么办?

合理施肥既可维持和提高菜田土壤肥力，又可保证蔬菜优质高产。但在蔬菜栽培过程中，肥料施用不当往往会导致蔬菜徒长、倒伏、病虫害加重或烧苗、萎蔫，甚至死亡，同时也降低蔬菜品质。这种因肥料使用不当而引起的蔬菜生长不良现象称为肥害。肥害从根本上讲是由于营养土配制不当，加入过量氮肥或未腐熟的有机肥，或根外追肥浓度过高而引起的。秧苗发生肥害时容易出现落叶烂根现象，田间出现成片无苗，根死亡或只有芽尖后逐渐死亡。但是不同的肥害原因，秧苗的症状表现有所差异。

1. 引起肥害的原因及相应症状

(1)过量施肥　首先，在配制育苗营养土时，若超量施

用有机肥，使有效氮含量超负荷，导致土壤浓度过高，表现为蔬菜根系吸水困难，僵苗不发，发生烧根，叶片畸形，严重时蔬菜逐渐萎蔫最终枯死。其次，尿素、硝酸铵等含氮量较高的化肥，若用量过大，会出现种子胚芽部位变黑，失去生命活力，即烧种，轻者出苗迟缓，重者缺苗断垄。再次，施用氮肥过多时，氮肥在硝化过程中，造成亚硝酸积累，发生亚硝酸中毒，作物表现为根部变褐、叶片变黄，而且还抑制其他元素的吸收。结球甘蓝施氮肥过多后，造成内部变褐、腐烂等。氮肥过多还会引起蔬菜缺硼现象，如蔬菜幼苗期秃尖等。最后，一次施入化肥量过大，会造成土壤溶液浓度过高，土壤溶液的总盐浓度超过 3000 毫克/千克时，秧苗吸收养分或水分受阻，细胞渗透阻力增大，根系吸水困难，甚至使秧苗根系细胞反渗透，造成作物失水，引起烧苗或萎蔫，像霜打或开水烫过一样，从而发生肥害。

(2)施肥方法不合理　高温下施用氨水、碳铵等氮素化肥，短时间内氨气易大量挥发，特别是在肥料施入土表及未能覆盖的情况下伤害尤为严重。主要为害幼苗叶片，叶缘组织先变褐色，后变白色，叶片四周先出现水渍状斑点，严重时枯死。

施用未腐熟的有机肥，在腐解的过程中也会产生大量的氨气。如氨气浓度大于 5 毫克/升时，蔬菜叶片会出现水渍状斑点，细胞失水死亡，留下枯死斑；氨气浓度达40 毫克/升时，蔬菜发生急性伤害，叶肉组织遭破坏，叶脉间出现点状褐色伤斑；未经充分腐熟直接施于菜田，在土壤微生物的分解作用下，产生大量的热量和有机酸，极易造成烧根现象，使作物根部受害。

化肥干施，即直接将化肥施入蔬菜作物根系附近进行穴施、条施等，造成根系附近局部土壤溶液浓度过高，使蔬菜根系细胞出现反渗透现象，导致蔬菜根和根毛细胞原生质失水死亡，蔬菜叶片边缘像开水烫过，几天后焦枯。

追肥时采用撒施的方法。如果撒施的肥料粘在秧苗的叶片上，尤其带露水时，会发生严重烧叶现象。

不能对症施肥。这是目前蔬菜生产中存在的普遍问题。很多蔬菜生产者由于缺乏必要的肥料知识，当蔬菜出现缺乏某种营养时不能正确诊断，而是错误地施用另一种肥料，不仅不能治疗病害，反而有可能加重病害。

2. 防治方法

(1)增加有机肥的施用比例　有机肥可增加土壤微生物及腐殖质，改善土壤结构，提高土壤的吸收容量。有机肥中的腐殖质属于有机胶体，对阳离子有较强的吸附作用，使土壤溶液中的阳离子减少、浓度不会升得过高，有效防止秧苗根系细胞出现反渗透现象，可以在很大程度上减少肥害的发生，如秸秆、动物粪便、油饼、塘泥、栽培绿肥及野生绿肥等都是很好的有机肥。但有机肥必须经过充分发酵腐熟，如人粪肥要通过密封堆沤、沼气池发酵和药物处理等无害化处理后施用；家畜圈肥应经过高温堆沤，以杀灭家畜圈肥中杂草种子和寄生虫卵、病原菌。有机肥一般自然堆沤 2 个月左右即可施用，若采用生物发酵剂处理堆沤 10 天即可充分腐熟。

(2)使用秧田肥　由于秧田肥中的氮是氯化铵或硫铵提供的,不会烧死幼根。

(3)改进施肥方法　追肥时要保证肥料与秧苗根系保持适当的距离,一般来说,要距根系10厘米左右,并且要深施,追肥后要立即覆土,土壤干旱时追肥需及时灌水,以防止烧苗及降低肥效。施肥时避免化肥干施,应采取全层深施,既可有效提高肥效(研究表明,碳酸氢铵深施,肥料利用率可提高31%~32%;尿素深施,肥料利用率可提高5.0%~12.7%,硫酸铵深施,肥料利用率可提高18.9%~22.5%),又能使肥料均匀分布于整个耕层,增加土壤吸附阳离子的数量,使作物根系附近的局部土壤中的肥料浓度不致过高,防止出现反渗透现象,从而可避免作物发生肥害;施用碳酸氢铵、硫酸铵时应确保田里保持浅水层,施后立即耘田,这样就不易挥发出氨来。早晨露水未干时或雨后叶面尚留水滴时不宜施用硫酸铵、尿素等化肥,以免肥料黏附在叶面发生灼伤。

(4)推广配方施肥技术　配方施肥技术是综合运用现代农业科技成果,根据作物的需肥规律、土壤供肥性能与肥料效应,在施用有机肥为主的条件下提出施用各种肥料的适宜用量和比例及相应的施肥方法。推广配方施肥技术可以确定施肥量、施肥种类、施肥时期,有利于菜田土壤养分的平衡供应,减少化肥浪费,避免作物发生肥害。

一旦发生肥害,应立即喷水,并通风去湿。对于已产生肥害的田块,使用腐殖酸进行土壤处理可以缓解肥害。

问题15　秧苗长途运输应注意哪些问题?

进行蔬菜秧苗运输,最需要注意的是秧苗根系的保护工作及合理选择包装运输工具。

1. 做好秧苗的护根措施

根系是秧苗的主要器官,秧苗生长发育所需的矿质营养以及水分主要依靠根系来吸收,所以保护好根系是培育壮苗的基础。在育苗过程中,要创造良好的条件,促使秧苗根系的正常发育和根系的发达。但是,秧苗起苗时根系会不可避免地受到一定的损伤,秧苗在运输过程中更容易伤根,根系损伤严重的秧苗会直接影响成活率和延长缓苗时间。所以,育苗时既要使秧苗的根系生长良好,又要在起苗、运输及定植时根系少受损伤,需要采取技术措施保护根系。

(1)调节秧苗的根系结构　在秧苗幼小时,利用小苗根的再生力强的优势,通过移苗促使秧苗的根系集中在较小的范围,这样在运输、定植时不至于根系损伤过多,从而可提高秧苗成活率、缩短缓苗时间。

(2)防止根系受损伤　用营养钵或营养土块进行育苗,采用这种方式护根是比较有效并经常采用的,尤其是培育大苗。这种护根方式无论是移苗还是定植,根系比较集中而且根系都不会受到太大的损伤。如果需要运输到外地定植伤根也较少,定植以后缓苗比较快。

(3)应用无土育苗技术　为了避免根系在移苗、运输和定植时的根系损伤问题,可应用无土育苗新技术,如采用穴盘育苗,秧苗的根系较为发达,连同育苗盘一起运输,在运

输及起苗时对秧苗根系不会有太大的伤害，这是目前商品化育苗中一种较好的方式，也是保护根系的一种常见措施。

(4)控制苗龄　苗龄越大，起苗、移栽时对根系的损伤也越大，而且大苗或苗龄过大，运输也不方便，加之我国目前运输费用和蔬菜产值比还很大，所以一般对需要运输的秧苗，应该控制其苗龄，最好还是小苗运输。

(5)采用营养钵假植育苗　装运秧苗前，要对营养钵适当浇水。如秧苗假植于床土上，则起运苗时，秧苗要带有营养土。

2. 运输前准备

在起苗运输前，要适当炼苗以增强抗逆性。可带可不带基质的宜不带，如甘蓝苗。秧苗运输前要制订好计划，如运输数量、运输方法、运输时间。买方要做好定植的一切准备工作，争取苗到后立即定植。要注意收听天气预报，以免苗到后赶上阴雨天无法定植。起苗装箱前可用药物处理，如KH-841可作为幼苗保根药剂，为较远距离的地区供应秧苗。运输前对秧苗进行处理有助于减少萎蔫，提高缓苗能力。

3. 选用良好的包装容器

我国目前还没有形成固定的秧苗包装容器，各地在秧苗运输中一般是用塑料框、木箱、纸板箱等，并用塑料薄膜保湿。长途异地运输最好选用木箱或硬纸箱进行包装，运输时尽量避开高温天气，到达目的地后要立即开箱，放风降温，且进行假植，移栽时随起随栽。此外，还应注意，这些包装容器的体积不能太大，以免相互挤压，损伤靠底部的秧苗。容器应有一定强度，能经受住一定的压力和运输途中的颠簸。

4. 合理选用运输工具

运输工具的选择主要根据运输距离和条件确定。运输工具目前在我国有火车、汽车以及拖拉机等。从平稳的角度考虑，以火车为最适宜，而拖拉机等小型运输工具运输时震动相对较大。所以，长距离运输，最好使用震荡轻、比较平稳的火车或汽车，这样可以减少由于运输造成的秧苗损伤。

5. 做好秧苗在运输途中的保鲜工作

秧苗在运输途中的保鲜技术，对秧苗定植以后的缓苗有很重要的意义。但是，至今还没有秧苗的专用保鲜剂，一般在生产上是根据实际情况，利用简单的技术进行适当的保鲜。如近距离或短时间的运输，在运输过程中要注意温度和湿度的控制。装苗时，水分不能过多，否则运苗时会加剧秧苗的呼吸。运苗途中，要采取措施，不能让秧苗晒太阳、吹风和淋雨。但如果是远距离或较长时间的运输，则应给秧苗提供适当的营养，可喷洒适量含有氮磷钾及多种营养成分的营养液。蔬菜秧苗大量远距离运输，往往都是立体多层装苗，保持适宜的温度、湿度。一般甘蓝等叶菜类秧苗，在5～6℃低温下，经3天的运输，对其成活不会有太大的影响。为预防高温危害，装苗宜选在早晚进行，在夜间运输时要加强覆盖防止受冷害。此外，在包装容器上应有通气孔，避免秧苗较长时间在湿润、缺氧条件下呼吸，使秧苗素质下降。

秧苗运到目的地后，应立即从容器中取出，放在阴凉、无风的地方，然后及时定植。

第二章　白菜类蔬菜(普通白菜、大白菜)的栽培

问题 16　如何合理选用白菜类蔬菜品种?

白菜类蔬菜包括大白菜、白菜、乌塌菜、菜薹、紫菜薹、薹菜等,但生产上栽培最多的是大白菜和白菜。大白菜属十字花科芸薹属,亦称结球白菜、黄芽菜、包心白、黄秧菜等,原产中国,是一种价廉物美的大众菜,也是每年生产供应量最大的蔬菜,它在整个蔬菜生产中占有重要地位。白菜即普通白菜,又被称为小白菜或油菜等,主要在我国南方栽培,近年来逐渐引种到北方地区栽培,因其生长期短,播种灵活,对市场的适应性很强,成为普遍种植的蔬菜品种之一。

目前,市场对蔬菜的需求,正逐步由数量型向质量型转变。蔬菜生产者要科学地选择品种,不断提高质量和产量,才能增强蔬菜产品在市场上的竞争力。选择适宜的栽培品种也是获得高产稳产的关键。对于白菜类蔬菜品种的选择,具体地说应注意以下几个方面:

1. 生产者要树立品种更新意识

优良品种是蔬菜生产的基础生产资料，是优质、高产、高效的基础。我国对蔬菜育种研究十分重视，先后启动了"七五"、"八五"、"九五"攻关项目（主要为番茄、黄瓜、甘蓝、白菜、辣椒五大蔬菜作物），育成了一大批蔬菜新品种。新品种在抗病性、产量、品质等方面得到了很大的提高，主要蔬菜种类大多实现杂种一代化。消费和生产的多样化及蔬菜育种水平的提高，使蔬菜品种的更新越来越快。生产者必须根据市场和生产的要求，不断更新栽培品种，充分利用最新的科技成果，注意选择品质优良的新品种。现在的消费者越来越关注蔬菜的品质，优质的蔬菜产品，即使价格略高，也较易被消费者接受，所以生产者要注意选择商品性状好、营养价值高，甚至有一定保健作用的新品种。

2. 注意选择抗病蔬菜品种

病害始终是造成蔬菜减产的主要原因之一，选用抗病品种是丰产、稳产、降低生产成本和减少农药等对产品和环境污染的重要途径。优先选择抗病性强的品种。目前各种主要蔬菜已培育出具有抗一种或几种病害的品种，在生产上已产生良好的效益，但就总体而言，高抗性品种甚少，尚无免疫的品种。在生产过程中要针对当地病虫害发生规律和主要病害类型，选用能抗当地经常发生病害种类的品种。从生态型差别很大的地区引进新品种时更应注意抗病性问题。在品种抗病性强的基础上，还应兼顾品质和产量等重要指标。同时也不能长期使用同一抗病品种，否则，品种的抗病性易丧失。

3. 因地制宜,优先选择适合本地区和本季节气候特点的优良品种

选择适宜当地气候条件和栽培季节的品种,就我国北方而言,适宜大白菜栽培区域性和季节性差异较大,如陇海线一带生长季节为100～115天,宜选用包头类型,如'山东4号'、'鲁白3号'、'青杂中丰'、'秦白3号'等,也可以选用中早熟品种,如'鲁白8号'、'北京新1号';而东北地区的生长季节只有70～80天,宜选用早中熟的直筒或半直筒类型,如'天津青麻叶'、'北京小青口'、'秋杂2号'等;南方由于生长季节长,秋季选用早、中、晚熟品种都可以。品种的优良性状在不同种植条件下表现不同。温室、大棚等保护地栽培的蔬菜,环境条件与露地不同,选择的品种应不同,而且保护地中不同的栽培季节也应选择相应的专门品种。适于保护地栽培的品种应有以下特点:叶量不能太大,株形有利于密植和通风透光,抗当地保护地栽培中的主要病害,产量高,品质好,耐低温和弱光。在土质肥沃、肥料充足的情况下,用结球的大型品种;反之,用结球的小型品种或对肥料要求不严格的品种。

4. 不同季节选择不同的品种

白菜类蔬菜在不同季节栽培对品种的要求是很严格的,如果品种选择错误,就会使生产造成大的损失。如早春反季节栽培大白菜,应选择早熟,抗抽薹能力强,抗病性强,前期耐低温,后期耐高温的春白菜类型,如'鲁春白1号'、'春冠'、'三园秋萍'、'春优1号'、'春优2号'、'京春王'等。而春季小白菜栽培成败的关键之一,就是一定要选用冬性强、抽薹迟、耐寒、丰产的品种，如‘四月慢’、‘五月慢’、‘迟黑叶’、‘春水’白菜等；夏季和早秋正值炎热多雨天气，栽培的大白菜应选择耐热、抗病、早熟的优良品种，而且应注意控制播种期，大白菜如‘早熟5号’、‘小杂50’、‘夏优1号’、‘夏优3号’、‘早熟8号’、‘优夏王’、‘夏珍白1号’等，小白菜如‘热抗青’、‘热抗白’、‘青优4号’、‘火白菜’、‘热优2号’等；秋冬生产还要选择耐贮藏的品种。

5. 优先选择商品性好符合消费者需求的品种

叶球的形状、色泽、风味等是今后蔬菜产品的竞争标准。从消费方面讲，应选择质地柔嫩、纤维少、风味好、营养价值高的品种。从供销角度看，应选择符合当地消费习惯的白菜品种，如山东、河南等省喜欢叶疏型的大包头类型的大白菜，而天津一带喜欢直筒型的青麻叶等。供秋末冬初食用，宜选用花心品种或结球的早熟品种；贮藏供冬、春食用的，宜选用生长期长、高产、耐贮的结球品种。另外，如进行加工，还可考虑适合加工的品种。生产者在组织和安排蔬菜生产时，一定要对目标市场商品要求作充分的调研，然后再选择相应的品种。

总之，随着消费者需求的变化和蔬菜生产水平的提高以及育种技术的发展，选择优良品种的标准发生了很大变化。在实际生产中，许多菜农在品种标准选择上存在误区，造成费力多、收益少的结果。因此，合理选用蔬菜品种是决定生产成败的关键因素之一。除了以上提到的五个方面，在选择适宜的栽培品种的过程中，还应注意以下三个方面：首先，不要贪图便宜，购买假冒伪劣种子，要从正规的种子

经销部门购买种子;其次,不要自己从杂交一代种的生产田中选留二代种子;最后,不要不考虑消费者的需求和自己的种植条件,盲目跟着别人学,追时髦购买种子。

问题 17　如何确定白菜类蔬菜适宜的播种期?

大白菜播种期的确定,是秋季大白菜获得稳产、高产和优质的关键措施之一。特别是大白菜的病害发生轻重与播种期有密切关系。一般认为,提早播种,生长期延长,可以提高产量,但容易发病,造成严重损失。晚播种虽然发病率低,但容易造成包心不足,影响产量和质量。而春季栽培,播种期就更加严格:早播,温度低不但容易通过春化,出现早期抽薹,而且幼苗有遭受冻害的危险;晚播,后期温度高,不能形成紧实的叶球,而且雨季来临,易发生软腐病,将严重影响产量。所以严格控制播种期,是决定大白菜生产成功与失败的关键因素之一。

而小白菜种类和品种繁多,生长期短,适应性广,可周年生产与供应。当前影响小白菜产量不稳定的主要因素是病虫害、严寒和酷暑。所以在确定播种期时应着重解决好伏缺期间小白菜的抗高温问题、春缺期间的防寒工作以及秋冬小白菜的抗病问题。

影响白菜类蔬菜播种期的因素很多,对于大部分地区来说,应该考虑的影响播种期的因素有气候条件、品种特性、土壤肥力状况、土壤特性、病虫害以及栽培技术。具体确定播种期的方法有以下六个方面:

1. 根据土壤肥力确定播种期

一般地，若栽培大白菜的土壤肥力高，大白菜产量和质量也高。在肥力高的地块，如确定大白菜亩产8000千克的目标，应适当晚播几天，如杭州地区可在8月26—30日播种，这样既可以满足生育期，又可以减少病害发生的因素。对于中等肥力的地块，如确定亩产600千克的目标，杭州地区的播种期应选在8月21—25日播种，这样可以保证足够苗期生长时间来弥补因肥力不足造成苗期长势弱的缺陷，有利于适时形成壮苗，打好丰产优质的基础。对于肥力较低的地块，如确定亩产4000千克的目标，播种期应适当提前，杭州地区于8月18—20日播种。其他各地可按照此规律和本地气候确定各种肥力地块的播种期(表2-1)。

表2-1　我国南方各地大白菜主要栽培季节

地区	城市	播种期(月、旬)	收获期(月)	生长日数(天)
华中	武汉	8下—9上	11—12	80～100
	长沙	8下	11—12	80～100
华东	南京	8下	11—12	90
	上海	8下	11—12	80～90
	杭州	9上	12	80～90
	温州	9上	11	80
西南	重庆	9上	12	100
	贵阳	7下	10	90
	昆明	8上—9中	10下—12下	90～100
华南	福州	10中	1中	90～100
	广州	9—10	12—3	90～100
	台北	9—10	11—1	90

(摘自：浙江农业大学. 蔬菜栽培学各论(南方本). 第二版. 北京：中国农业出版社，1985)

小白菜播种期的确定与大白菜相似，土壤肥沃的地块可比土壤贫瘠的地块晚播，病虫害多发地区也应适当晚播。

2. 根据品种确定播种期

根据所用品种的生育期长短进行确定。各地可根据所用品种的生育期长短和本地区严霜期到来的时间来推算播种期，并根据发病情况加以调整。

大白菜按熟期分为早、中、晚熟品种。一般早熟品种要适当晚播，如杭州地区在8月26—30日播种。中熟品种要适时播种，如杭州地区在8月21—25日播种。晚熟品种要适当早播，如杭州地区在8月20—23日播种。这样按照品种对生育期的要求，客观地满足大白菜前期生长发育的时间，有利于适时形成壮苗，为达到丰产优质目标打下基础。如果以提早上市为目的，可选择抗热早熟品种，按生育期天数向前推确定播种期。如要在9—10月份提早上市，可选择早熟抗病的'早熟5号'、'早熟8号'及其他早熟品种，生育期最好在60天左右，按生育期前推可在7月份播种。各个地区都有本地当家优良品种，可以按照以上早、中、晚熟品种和本地气候确定本地播种期，但确定播种期的规律都是相同的。

3. 根据农历节气确定播种期

广大农民在长期的生产实践中积累了用农历节气确定大白菜播种期的丰富经验，于是生产活动依靠农谚来确定，是很多生产者所采用的方法，如华北地区生产上大多有在立秋前后播种。根据北京地区的情况总结，如“六月立秋，早收晚丢，七月立秋，早晚都收”。民间有“六月立秋秋热，七月立秋秋凉”的说法，过去菜农认为农历6月立秋的年份因秋长而秋热，大白菜应适当晚播；而农历7月立秋的年份因秋短而秋凉，大白菜应适当早播。立秋的时辰与播期也有一定的关系，如“早立秋，凉飕飕”，早晨立秋，秋天天气凉，应该早播；“晚立秋，热死牛”，晚上立秋天气热，应该晚播。也有根据立冬早晚来确定播期的，如“九月立冬冻菜，十月立冬收菜”等，过去菜农认为农历9月立冬的年份天气冷得早，应适当早播，10月立冬的年份则天气冷得晚，应适当晚播。这些农谚都总结了广大农民多年积累的经验，可以作为确定大白菜播种期早晚的因素。但是农历节气和阳历出入很大，这些农谚有的与实际相符，有的则不相符，所以有时候根据经验也不是非常可靠，只能作为参考。要对过去的经验和面临的具体环境条件进行综合分析，再确定大白菜播种期。

4. 根据阳历确定播种期

依照上述各个方面资料进行分析，便可得出比较适宜的播种期。根据土壤肥力、品种、上市时期和农历节气，按照当地气候特点可以确定大白菜播种的丰产期，如天津地区的丰产期为8月4—11日，在此日期内肥力差的地块和生育期长的品种应适当早播，肥力好的地块和生育期短的品种应适当晚播。如因大雨易涝地块受淹不得不推迟在8月

11日以后播种的，一定要选择早熟小核桃纹等早熟品种。其他各地同样应按照当地条件确定好大白菜播种丰产期，过早和过晚播种都会影响大白菜的产量和质量。

小白菜一般都是排开播种，分期上市。比如长江流域秋冬白菜的播种期在8月上旬到10月，华南地区在9月至12月，其中以9月份播种的产量最高。适宜播种期的确定除要考虑当地的气候条件及品种的熟性外，还要考虑茬口、土壤肥力、病虫害等因素。如气温较往年偏高应晚播，偏低可早播。早熟品种比中晚熟品种早播。

5. 根据农业气象预报确定播种期

主要是根据大白菜历年病害、结球、产量情况与气象指标的关系，再根据群众多年来的经验来确定不同年份的播种期。此方法虽然比较合理，但是难以应用，主要是因为目前的气象预报还未达到较为理想的程度，而且菜农多是根据季节来确定播种期，很难用气象预报来确定播种期。

6. 用综合法确定播种期

此法的要点是采用宏观(大面积生产)和微观(小范围的田间试验)相结合的方法，并通过正交旋转设计、回归分析、计算机模拟等方法来确定播种期。此方法较为合理，但受试验地点、土壤肥力、供试品种等多方面因素影响，在某一个地区的试验向全国推广时只能作为参考，不能生硬地照搬。

几种常见的以白菜类蔬菜为主的茬口安排见表2-2所示。

表 2-2　几种常见的以白菜类蔬菜为主的茬口安排

茬口安排	播种期（月旬）	定植期（月旬）	采收期（月旬）	预期产量（千克/亩）
茼蒿—鸡毛菜—芥蓝—大白菜				
茼蒿	2 中	直播	3 下—4 中	700
鸡毛菜	4 下	直播	6 中	600
芥蓝	6 下	直播	8 上—中	1000
大白菜	8 中—下	直播		4000
芥蓝—大白菜—青菜				
芥蓝	2 上、中	直播	4 中—6 下	2000
大白菜	7 上、中	直播	8 下—9 中	2000
青菜	10 上	直播	11 中、下—1 下	2000
丝瓜—萝卜—青菜				
丝瓜	2 下	3 下	5 中—9 下	2000
萝卜	9 下	直播	11 下—12 上	3500
青菜	10 下	12 中	4 下—5 中	3000

问题 18　栽培白菜类蔬菜如何进行施肥？

白菜类蔬菜主要包括大白菜和小白菜等，因为其生长速度快，特别是后期，如果肥水跟不上，会造成包心不实和生长不良。施肥的方式主要有基肥和追肥等两种。

1. 基肥

大白菜和小白菜均以叶柄叶片为产品，要求选用土层深厚、疏松、富含有机质、保水保肥力强的土壤或沙壤土进行栽植，要求土壤能持久供应植株生长所需的养分。所以

在前作腾茬后，应立即深翻，结合翻地，每亩施充分腐熟的优质有机肥5000千克，有条件时，可配合施入过磷酸钙20～30千克，氯化钾10～15千克，或复合肥15～20千克。翻地后耙平，做畦或垄。

2. 追肥

(1)大白菜　据分析每生产100千克大白菜，需要吸收氮150克、磷70克、钾200克，其中发芽至莲座期吸收氮多，钾次之，磷最少。而结球期吸收钾多，氮次之，磷最少。为此，施肥上应掌握如下环节：大白菜是生长期较长的作物，生长量大，特别是莲座期和结球期，其生长量要占全生长量的97%。所以大白菜在整个生长期中，只靠基肥的养分远不能满足需求，必须进行追肥。而根系发育有"趋肥"、"趋湿"的习性，各生长阶段对肥料的要求，需按照根系发育动态、叶片生长动态和养分吸收状况，合理、充分地供应。

追肥和浇水要相互配合，在施足基肥的基础上，在不同发育阶段，分期追施氮素化肥，避免追肥集中过多，损伤植株，造成肥害。发芽期生长量很小，此期的营养主要靠种子供给，从土壤中吸收的氮磷钾三要素很少，土壤中已有的养分已足以供应。如果在近根处直接集中追肥使土壤溶液浓度过高，反而会有"烧根"的危险。所以发芽期一般不需要追肥。如果整个生长期分4次追肥，可分配用肥如下(以每亩计)：

第一次在幼苗期，3～4片真叶时。发芽期向幼苗期过渡时，种子中的养分消耗殆尽，开始从土壤中吸收养分。因幼苗生长量不大，根系也尚未充分发展，吸肥、吸水能力差，要求养分也不多，而生长速度很快，所以也不能缺肥，如果幼苗子叶发黄，需要追一次提苗肥：用硫酸铵15千克，撒施于幼苗两侧，随即浇水。提苗肥的肥效为20～25天，供整个幼苗期之用。

第二次在定苗后或移苗活棵后，也就是在莲座期。莲座期要长成大的莲座叶十几张，这些叶片是制造养分的主要功能叶，长得越好，将来产量越高，但同时还要注意防止莲座叶徒长而延迟结球。莲座期不但生长量较大(占全生育期的24.5%)，生长速度快，而且根系吸收能力也强，对养分和水分的吸收量猛增。当田间有少数植株开始团棵时，就要进行追肥，以供给莲座叶生长所需养分。可用30千克硫酸铵，在植株两侧开沟施入，称为"发棵肥"。最好同时施用草木灰10～20千克或含磷钾的化肥1～1.5千克，使三要素平衡以防徒长。施用发棵肥后随即充分浇水。

第三次在莲座末期至结球初期。结球期历时35～50天，是生长最旺、养分积累最多的时期，也是产品器官形成的时期，其生长量占全期生长量的72%左右。所以，此期追肥要求数量多，养分全面。在包心前5～6天，可以用硫酸铵45千克，划沟垄施或穴施，然后灌溉，称为"结球肥"。此时还应注意增施钾肥，草木灰10～15千克或过磷酸钙及硫酸钾各1.5～2千克。中熟及晚熟品种的结球期较长，还应在抽筒时施用"补充肥"，可以在抽筒前施硫酸铵1.5～2千克。

第四次在包心中期，用硫酸铵20千克，称为"灌心肥"，其作用是促进包心紧实。

大白菜追肥时，切忌施用有机肥，以提高商品品质，减

少病害感染。追肥提倡开沟埋施,配合浇水灌溉,以迅速发挥肥料的作用。缺钙、硼元素时,可以根外追肥。研究发现,叶面喷施磷酸二氢钾可增加叶数,长势强,提高植株体内的氮磷钾含量,最终对提高毛菜和净菜重都有较好的效果,特别是净菜可增产 7.2% ～20%。大白菜测土配方施肥推荐卡如表 2-3 所示。

(2)小白菜　小白菜生长快,田间密度大,株数多,施肥应以薄施勤施为原则,腐熟人粪尿施用浓度为 10%～15%,每 2～3 天施一次。也可在水中加尿素施用,浓度为 0.3% ～0.5%。

白菜是浅根性作物,根系多分布在表层 6～10 厘米土壤范围内,根系吸收能力较弱,对肥水要求严格,在生长阶段,群体密集,生长迅速,需肥量较大,需要不断地充足地供应养分和水分。多次追施速效氮肥,是加速生长,保证丰产优质的重要环节。如氮肥不足,则植株生长缓慢,叶片分化少,基部叶片易枯黄脱落。同时植株生长矮小,茎叶容易接触土面,沾污泥土,在追肥时,切忌施用有机肥料,防止污染产品,以提高白菜品质。从定植到采收,全期追肥 4～6 次。一般从定植后 3～4 天开始,每 7 天左右追施一次,采收前 10 天停止追肥。白菜的追肥方法是:定植后追肥活棵,使幼苗迅速生长,并随着植株的生长,增加施肥的浓度和用量。封行前施重肥,采取沟施深施,以后停止施肥,或以叶面喷施予以补充。根据广州菜农的经验,封行后如叶色黄绿,可用 0.75%的尿素溶液进行根外追施,可以很快改变叶色。上海地区对白菜的肥水管理有句农谚:“春菜靠肥,夏菜靠水”和“老过冬至”,说明了植株生长和季节特点相结合的肥水管理规律，即春季施肥重要，可以促进生长，延缓植株抽薹，提高产量；夏季经常碰到伏旱，以水吊肥，才能使植株正常生长；冬季施肥要与防寒相结合，在严寒来临之前，施好肥料，以增强植株的耐寒性，防止和减少植株遭受霜冻危害。施肥的方法、时期、用量，应根据气候、苗情、土壤等具体状况而定。一般在天气干旱、气温较高时，在早晨或傍晚浇水，浓度不宜过大；天气冷凉、湿润时，在行间条施，用量增加，浓度加大，次数可减少。

表 2-3 大白菜测土配方施肥推荐方案 （单位：千克/亩）

基肥推荐方案				
肥力水平		低肥力	中肥力	高肥力
有机肥	农家肥	3000～5000	2500～3000	2000～2500
	或商品有机肥	400～500	350～400	300～350
氮 肥	尿素	4～5	4～5	3～4
	或硫酸铵	9～12	9～12	7～9
	或碳酸铵	11～14	11～14	8～11
磷 肥	磷酸二铵	15～20	11～17	9～15
钾 肥	硫酸钾	7～8	6～7	5～6
	或氯化钾	6～7	5～6	4～5

追肥推荐方案						
施肥时期	高肥力		中肥力		低肥力	
	尿素	硫酸钾	尿素	硫酸钾	尿素	硫酸钾
莲座期	6～7	3～5	6～7	4～5	7～8	5～6
结球初期	8～9	4～5	8～10	6～7	9～12	7～8
结球中期	6～7	3～5	6～7	4～5	7～8	5～6

（摘自：赵永志．大白菜需肥特点与施肥技术．中国农资，2012(37)：18）

总之,在施足底肥的基础上,追肥时期,各期的追肥量以及各期合理的水分管理是高产的关键。但是施肥时应该注意把握的原则是以基肥为主,同时结合追肥;追肥时以氮肥为主,同时也要氮、磷、钾肥配合施用,如配合施用微量元素会更好;最好能根据土壤养分和肥力状况进行配方施肥;最关键的是还应该根据气候、土壤、植株的生长发育状况进行施肥,以充分发挥肥效,实现高产优质。

问题19　如何确定白菜类蔬菜适宜的采收期?

适时采收是白菜类蔬菜重要的栽培技术措施之一。当大白菜结球紧实后,表明生长成熟,便可以采收了。一般在长江以南地区中晚熟大白菜的叶球可以留在田间,根据市场需要分期供应。而早熟品种成熟时外界的温度还较高,如成熟后还留在田间会发生脱帮、腐烂和抽薹等不良现象,因此必须根据结球情况和市场需求及时采收,以免造成损失。

普通白菜采收的标准是外叶叶色开始变淡,基部外叶发黄,叶簇由旺盛生长转向闭合生长,心叶伸长平菜口时,植株即已经充分长大,产量最高。秋冬白菜因成株耐寒性较差,在长江流域宜在冬季严寒季节来临之前采收完毕;腌白菜宜在初霜前后采收;春白菜在抽薹前采收;速生白菜宜在6～8片真叶时根据市场需求情况进行采收。

问题20 如何防止白菜类蔬菜的"先期抽薹"现象？

白菜类蔬菜为二年生蔬菜，抽薹为白菜类蔬菜固有的生物学现象。一般地，白菜类蔬菜于秋季播种，在秋冬季节形成营养体叶球，经过越冬，当次年春暖花开之时，由营养生长转向生殖生长，抽薹开花，形成种子。

先期抽薹，也称为未熟抽薹或早期抽薹，它是指蔬菜的营养体充分长成之前，在不应当抽薹的时候就提前抽薹的现象。一旦发生，蔬菜不仅产量大减，而且往往丧失商品价值，给农业生产和菜农造成严重损失。

1. 导致先期抽薹的原因

(1)品种选择不当　白菜类蔬菜在种子萌动时就可以感受低温条件而通过春化过程，而春化过程对温度要求不严格，一般品种播种后，在2～13℃的低温下经过10～20天即可通过春化阶段，在10～15℃的温度下，也能在一定的时间完成春化。低温的影响可以累积，并不要求连续的低温。日均温在18℃以上才能避免抽薹。大白菜不同的变种、类型及品种对温度的要求有一定的差异。散叶大白菜耐寒性和耐热性较强，春、夏季均可栽培；半结球变种一般有较强的耐寒性；结球大白菜生长则需要温和气候。同一类型的不同品种对温度的适应性也有不同，因此栽培中应因地制宜地选择耐抽薹能力强的品种。

(2)播种定植过早　播种过早，苗龄长，苗期又长时间处于低温条件下，极易通过春化阶段而抽薹，特别是在遇到持续低温和寒流多次侵袭的年份，更不能播种过早。实践

证明,春大白菜栽培中温度不能低于13℃,否则易导致抽薹现象。

(3)管理措施不合理　有的菜农为了早定植、早上市,很早就播种育大苗,然后定植到露地,大苗生长期内就已通过春化,定植露地后若再遇到寒流,刚一现球就会抽薹;有的菜农在育苗期对苗床经常通风,结果使小苗不完全春化,定植到大田后水肥又跟不上,结果形成球内包薹,严重影响商品性;有的菜农不进行育苗,而是采取直播,即使覆盖地膜,小苗出土后也极易遇到低温而通过春化,进而造成抽薹。

(4)异常气候影响　这里所说的异常气候,主要是指倒春寒。

2. 防止方法

(1)选用良种　种植春白菜成功与否,良种是关键,必须选择冬性强、生育期短、不易抽薹、结球率高、结球紧实、耐热抗病的品种。根据我们的试验和生产调查,推荐以下几个品种:'强势'、'顶上'、'鲁春白1号'、'春冠'、'京春白'、'胶春王'、'强者'、'春大将'、'金春1号'和'金春2号'等。其中'春大将'最适宜于温州地区春季栽培。

(2)适期播种　根据多次试验和以往经验,在江南地区的气候条件下,大部分地区可采用保护地营养钵育苗移栽。在温室、温床或防寒设施良好的阳畦内,采用营养钵育苗,苗龄25天,待天气转暖,夜间温度不低于10℃,地下5厘米地温稳定在13℃以上定植于拱棚。避免低于13℃以下的温度出现,这样就可以提早播种而延长白菜的生长期。具体播种时间可根据上市时间进行决定:如要"五一"前后上市,可在2月下旬播种;“五一”后陆续上市,可在3月上、中旬播种;6月上旬上市的,可在3月下旬至4月上旬播种。

(3)保温育苗　增温栽培采用大棚或小拱棚保温育苗和进行地膜覆盖增温栽培,能防止先期抽薹,又为早熟高产打下基础。棚内温度以白天25℃左右、晚上15℃为宜,确保最低温度在12℃以上。选择晴好天气定植,定植后的菜苗,如遇寒潮低温,要搭小拱棚保温,严防在“倒春寒”现象影响下通过春化阶段,造成抽薹开花而减产。

(4)加强栽培管理　春白菜生育期短,植株生长量小,可适当密植增加产量。应采用深沟高畦栽培,每亩可留苗或定苗4000株左右。定植后,拱棚一般不通风或少通风,以利增加棚内温度,加快缓苗。随着气温逐渐升高,通风量应由小到大,结球初期及时揭掉薄膜,以降低气温,促进结球。栽培中一般不蹲苗,肥水齐攻,一促到底。要促进营养生长,抑制未熟抽薹,要求土壤肥沃、多施速效性基肥和追肥,基肥每亩施腐熟人粪尿2000～2500千克或有机菌肥200千克,另加氮、磷、钾复合肥20千克。生育前期要保证营养条件良好,以加速其生长,抑制发育。生长期间应在莲座期施“发棵肥”,促进莲座叶和根系生长,结球前期、中期各施一次速效性化肥,一般每亩施尿素15～20千克。莲座期以后随着气温的升高,酌情增加浇水,保持土壤湿润,浇水要掌握见湿见干,避免高温高湿引起软腐病。

(5)正确使用植物激素,防止春化和抽薹　在花芽形成以前使用植物生长激素,如吲哚乙酸、萘乙酸等会推迟花芽分化,而在花芽分化以后使用植物生长抑制剂,如青鲜素、

三碘苯甲酸等可以推迟或抑制抽薹。是否已通过花芽阶段,可观察心叶是否有蜡粉,心叶有蜡粉说明已通过春化,反之则未通过春化。

(6)以防为主,综合防治病虫害　春大白菜定植后,气温回升快,加之后期雨水偏多,病虫害发展迅速。防病治虫害应集中在前期,细球期少用药,收获前1周停止用药。结球期间可利用丰灵、新植霉素、抗菌剂401、菜丰宁等药剂进行灌根和喷洒,喷洒部位以叶柄及茎基部为主。菜青虫、小菜蛾等一般在生长后期为害,可用万灵、灭多威等交替喷洒防治。

(7)及时收获　春大白菜收获越迟,抽薹的危险性越大,应仔细观察短缩茎的伸长情况,在未抽薹或虽轻微抽薹但不影响食用品质前尽早收获。

问题21　江南地区秋冬季白菜类蔬菜的栽培关键技术有哪些?

白菜类蔬菜秋冬栽培是我国传统的栽培方式,各地仍以这种方式为主。大白菜的前期均需在温度较高的季节,而结球期需在较冷凉的季节。秋冬栽培的环境条件与大白菜的习性是吻合的,所以丰产、优质是较有把握的。这是大白菜秋冬栽培能占主导地位的主要原因。收后气候渐冷,有利于贮藏。大白菜贮藏保证了冬季蔬菜淡季供应。

秋冬白菜类蔬菜高效栽培及贮藏技术介绍如下:

1. 栽培技术要点

(1)品种选择　选择适宜的品种是白菜类蔬菜获得高

产、稳产的关键。生产上选用优质丰产、抗三大病害、生长期较长、耐贮性较好的品种，大白菜如'青杂中丰'、'青杂3号'、'青杂4号'、'改良青杂3号'、'山东19'等中晚熟品种，白菜如'矮脚黄'、'矮脚3号'、'杭州油冬儿'、'上海青'、'苏州青'、'上海四月慢'和'五月慢'等。

(2)播种时间　在江南地区适宜播种期为8月中下旬。

(3)育苗　选靠近移栽田附近肥力好、前茬成熟早的菜地作苗床。耕翻整地，每亩苗床施有机肥400～500千克，硫酸铵2～3千克，过磷酸钙、硫酸钾各1～2千克，苗床整细、整平作高畦。为防软腐病，将种子浸湿后，种子：菜丰宁按1：1拌和，阴干后播种。播种前先将畦面轻轻镇压，按10厘米行距划1厘米深的浅沟，播前沟内浇底水，水渗下后，将种子均匀播在沟内，然后覆土，保持土壤湿润，经3～4天即可出苗。为防晒、防雨，增加出苗率，播后苗前可用遮阳网或碎草覆盖苗床。一般35克种子可供1亩大田用苗。齐苗后把遮阳网架高1米，并做到上午10点到下午4点及雨前遮盖，早晚及阴天揭开。当幼苗长到1～2片真叶时第一次间苗，株距3～4厘米，当长到3～4片真叶时第二次间苗，株距10厘米左右。每次间苗后施10%腐熟粪水提苗。苗期应保持畦面湿润。出苗后5～6天，可喷一遍50%抗蚜威可湿性粉剂1000倍液或2.5%溴氰菊酯乳油2000倍液防治蚜虫等害虫。幼苗长到5～6片真叶时，即可定苗或定植。

(4)整地施肥　宜选葱蒜类、瓜类、豆类茬口，十字花科、茄果类茬口病害重不宜选用。选地势高爽、排灌方便、土壤肥沃的地块，旧菜地将前作的残枝落叶清净，翻地晒

白。每亩施优质有机肥3000千克、碳酸铵10千克、25%复合肥20千克作基肥。采用深沟高畦栽培,便于排灌,减少病虫害。

(5)定植　苗龄18天左右(5～6片真叶),于下午4点后或阴天定植。移栽前1天苗床要浇透水,便于起苗和带土移栽。高畦连沟宽1.4～1.5米,双行定植,株距0.35～0.40米,每亩栽植2200～2400株。定植后几天内不能缺水,定植3～4天后及时查苗补苗。

(6)田间管理

① 灌溉:要小水勤灌,以水降温。秋季播种的白菜类蔬菜在幼苗期往往遇到高温干旱的年份。高温干旱是白菜类蔬菜病毒病发生和流行的重要环境因素。在这种环境条件下,更应当控制浇水减缓幼苗生长速度,锻炼其适应能力来推迟其个体发育阶段。待高温过去,再加强肥水管理。莲座期植株需水不是太多,保持地面见干见湿即可。结球期大白菜生长量大,是需水最多的时期,应保持地面见湿不见干。一般在无雨的情况下,每5～7天浇水一次。用于冬贮的大白菜,在结球后期,叶球近于成熟时,要节制浇水,以免菜株不耐贮藏或发生叶球开裂的现象。白菜莲座期是产品形成期,应供给充足的水分;大白菜莲座期应干干湿湿,适当蹲苗可促进根系和莲座叶生长。大白菜结球期开始灌透水,保持土壤湿润。结球后期要逐渐减少浇水,收获前7～10天停止浇水。以利收获和贮存。

② 追肥:定植活棵后施稀薄人粪尿或硫酸铵10千克,有利于提苗,称“提苗肥”。莲座期每亩用浓粪1200～1500

千克或穴施尿素14千克，称“发棵肥”，大白菜结球初期每亩施钾肥10千克、尿素8千克，称“大追肥”，第四次施肥在结球中期，每亩用硫酸铵15千克，或随水冲施腐熟人粪尿700～800千克，称“灌心肥”。

③ 松土：白菜类蔬菜封行前，在浇水、雨后及追肥后松土除草2～3次。白菜类蔬菜根系浅，应浅锄为宜，封行后松土易碰伤叶片，引起病害，故不再松土。

④ 病虫害防治：白菜类蔬菜病害主要有软腐病、霜霉病和病毒病三大病害。1)病毒病：苗期、莲座前期高温、干旱时因蚜虫大量发生而传播病毒病，防治病毒病本身无特效药，但加强肥水管理，防止蚜虫发生可减少病毒病的发生。蚜虫可用10%吡虫啉1500倍液喷雾防治。2)霜霉病：莲座期内易发生，在氮肥偏多、雨水和雾气较多的年份发病更重。在肥水管理上应多施草木灰等磷、钾肥，增强植株抵抗力。发病时可用25%甲霜灵1200倍液或75%百菌清500倍液等交替喷雾。每7～10天喷1次，连续防治2～3次。3)软腐病：大白菜结球期易发生，雨后植株倒伏，基部机械损伤或虫咬伤或炭疽病病斑伤口腐烂，都易引起软腐病。可用72%农用链霉素4000倍液、新植霉素4000倍液喷雾防治。

另外黑斑病、炭疽病、白斑病、菌核病在大白菜上也常发生，可用50%托布津1000倍液、40%多菌灵800倍液、百菌清1000倍液防治。

⑤ 束叶：小雪后束叶防冻保暖。

⑥ 采收：白菜收获无严格标准，可根据市场需求决定是

否收获。从6～7叶到20叶后随时可以收获。前期收获产量低,晚收获产量较高。但经济效益与市场价格的关系更为密切。大白菜结球紧实,外叶有1/3边缘枯焦时,即是适宜采收期。但根据市场需要,可提前或延迟采收,以延长供应期。

结球白菜和普通白菜同为芸薹种的不同亚种,其生长习性和对环境条件的要求大体相同。但由于一般结球白菜的生物产量明显高于普通白菜,其生长周期也更长,因此在栽培管理上结球白菜要比普通白菜稍为复杂些,尤其需要做好结球期的肥水管理和病虫害防治,达到高产高效的目的。

2. 贮藏技术

大白菜耐贮藏运输,在本地可贮藏3个月左右。挑选不受冻、不腐烂、结球紧实、外叶捆扎完好的植株贮藏。最适贮藏温度为0～1℃,空气相对湿度为80%～90%。温度高于5℃,大白菜呼吸作用强,易脱帮腐烂,低于－2℃会受冻腐烂;空气湿度小,大白菜易失水,反之易腐烂,故贮藏期间既要防冻,又要防暖。

(1)假植法　在寒流到来前,将大白菜连根拔起,紧密地排列在避风向阳的地方,并加盖稻草以保温防冻,一般能贮藏到翌年2～3月份。

(2)室内堆藏　白天将大白菜放在外面晒,晚上用稻草盖好防冻,直到外叶干瘪后再放入室内,可贮藏到翌年3月。

(3)室外堆垛贮藏　选通风、保暖、排水良好的地块,按南北向做成高畦,畦宽1.3～1.5米,长6.6～10米,畦两边挖好排水沟，畦面耙平拍实，畦与畦间距66厘米，以便操作。堆菜时根向畦的中间，根对根排成两列，中间留40～50厘米通风道，沿通风道将结球白菜一棵棵排紧。摆好第一层菜，在菜上面交叉放短竹竿呈竹笆形，并用绳扎牢。在通风道靠近菜根两边各插上一根长竿，顶部用绳子扎牢，菜堆呈"∧"字形。顶部串联扎牢。在放第二、三层菜时，都按同样方法摆、扎，只是放在菜根上的竹竿要一层比一层短，中间顶上也摆一列菜起压顶作用，以免倒垛。冬天天冷时在堆垛外盖草防寒，春天暖热时，把通风口的草帘完全拉开，让冷风进入堆内降温。堆藏法能保持较合适的湿度，经2个月贮藏，其自然损耗率约30%。

问题22　江南地区春季白菜类蔬菜的栽培关键技术有哪些？

为缓和淡季蔬菜供应，将耐寒、耐热的白菜早熟品种利用拱棚、覆盖地膜加温，于2月上旬至3月下旬播种，5月上旬至6月中旬收获上市，能够获得显著的经济效益。春季栽培白菜的主要问题是春夏交替，气候先冷后热。早期低温易使白菜通过春化，未结球就先期抽薹，而后期高温使白菜容易腐烂。针对白菜春季反季节种植的气候条件，地膜覆盖使白菜在膜下避过前期低温，在气温达白菜春化临界点15℃以上再让其在膜外正常生长。

1. 选择品种

由于春季适合白菜生长的条件有限，早期受低温影响，

后期又受高温长日照影响，难以形成叶球，所以春季大白菜栽培必须选用冬性强、耐低温、耐先期抽薹、早熟、抗软腐病、高产、优质、生长期短的早熟类型品种，其生长期一般在50～60天。适合早春栽培的品种有‘春夏王’、‘胜春’、‘阳春’、‘强势’等。

2. 施足基肥，高畦栽培

春白菜生长期间阴雨天较多，不利于白菜生长。因此，应选择排水良好的砂质壤土，前茬作物收获后，及时翻地晒白，每亩施腐熟的猪牛粪1000～1500千克，复合肥10千克作基肥。整地后筑成高畦，以利排水。一般畦宽1.7～2米包沟，沟深30厘米左右。定植时应选择良苗栽植，使定植后生长整齐一致。栽植株行距以20～25厘米见方为宜。

3. 适期播种

春白菜属反季节白菜，应严格控制播种期，切不可过早播种，否则低温条件下易通过春化作用，造成先期抽薹。总的原则是保证春白菜栽培生长的日平均温度稳定在13℃以上，主要措施：采用大棚内架设小环棚，铺设地膜，加盖无纺布，俗称“三膜一布”保温措施。育苗期应特别注意温度的控制与管理，要求阳畦或温室夜间温度不低于13℃。

4. 适时定植

苗龄30天左右、叶片数6～7片，选晴天及时定植。每亩栽3500～4500株左右。栽前覆盖地膜，要求地膜平贴地面，栽后浇定根水，出苗约10天左右及时间苗定苗。一畦或一垄均种植两行，行距50厘米，株距35厘米，每亩定植3500～4500株。移栽时，每一株白菜苗都要带土坨定植，以利缓苗。定植后应加强防寒保温措施，使夜间最低温度不低于15℃，可在棚周围覆盖草毡、玉米秸秆等防寒物。4月中下旬先减掉覆盖的防寒物，再逐渐在中午放风降温，4月底彻底除掉棚膜。

5. 田间管理

(1)水肥管理　春季白菜应定植在前茬没种过十字花科作物的地块。对选好的地块，在冬前要翻耕冻垡，熟化土壤。春白菜生长的季节较短，定植后管理上以促为主，一促到底。春结球白菜应着重促进营养生长，多施速效肥，加强水分管理。追肥宜少量多次，一般可分3次进行。第一次在定植后追施缓苗肥，将尿素或硫酸铵溶解在水中，随浇水均匀追施。第二次在莲座期，每亩追施尿素10～15千克。第三次在结球前期结合灌水，每亩追施硫酸铵或尿素20～25千克。春白菜栽培，其浇水的原则是前期少浇，后期多浇。前期由于地温低，浇水多，促使地温下降，不利于根系生长和发育。后期由于气温、地温升高，可适当增加浇水次数和浇水量，以满足大白菜结球时对水分的需要。一般每4～5天浇一水，浇水应在早晚进行。为了防止软腐病的发生，切忌大水漫灌。

(2)拔除早抽薹的白菜　春白菜植株中心的叶子如有明显的蜡粉，表明已发生茎生叶开始抽薹。根据这一特点，可以在幼苗期和莲座期识别和拔除早抽薹的植株。春白菜密植的目的就在于早期拔出部分已抽薹的植株后还能确保产量。

(3)及早收获　采收春大白菜生长后期气温高，雨水

多,若不及时收获容易烂球。还应避免叶球成熟过度而破裂腐烂。可适当提早采收上市,减少损失,增加收入。成熟后要及时陆续采收上市,否则遇到高温多雨时期,病害严重,特别是软腐病或夹心烂,容易造成严重减产。另外春大白菜收获越迟,抽薹的危险越大,应仔细观察短缩茎的伸长情况,在未抽薹或虽轻微抽薹但不影响食用品质前尽早收获。白菜采收期同秋冬季节。

问题 23　江南地区夏季白菜类蔬菜的栽培关键技术有哪些?

盛夏时节,前期高温干旱,后期闷热多雨,对白菜生长发育极为不利,栽培难度很大,还易感染病虫害,所以要进行育苗栽培。夏季蔬菜育苗要成功,关键要做好“六防”,即防强光、防雨淋、防高温、防伤根、防干旱、防病虫。

1. 选择优良品种

反季节白菜主要是在炎热的夏季生产,此时正值高温多雨季节,必须选用早熟、抗热、抗湿的品种,即在高温长日照条件下结球紧实,短缩茎不明显伸长。抗软腐病、烧心病等,生长期 45～50 天。结球白菜如‘夏优二号’、‘夏优三号’、‘小杂 56’、‘夏阳早 50’、‘热抗王’和‘早熟 5 号’等,普通白菜品种如‘热抗白’、‘热抗青’、‘夏绿妃’、‘矮杂 1 号’、‘新夏青 2 号’、‘热优 2 号’、‘青优 4 号’、‘黑叶白菜 17’等。

2. 适期播种,合理密植

夏白菜于 7 月上旬播种,8 月中旬采收结束。一般用种量为每亩150克左右，条播的要加大用种量。若墒情不好，可在垄上开沟或开穴。浇水后播种，覆土0.5～1厘米。畦平沟平，以利于排水浇水，不能积水。利用大棚、中棚或小拱棚支架，上面覆盖遮阳网或废旧棚膜（可涂泥浆）等遮阴，以起到防强光、防雨淋、防高温的作用。无旧棚膜的，要在雨前及时用棚膜覆盖苗床。晴热型气候下也要注意日中覆盖，早晚揭网，谨慎使用；冷夏多阴雨气候条件下，没有必要使用遮阳网覆盖技术。另外，夏季白菜因为生长周期短，亦可利用丝瓜架下和果树行间间套。

3. 水肥管理

（1）合理施肥　夏季白菜生长期短，必须施足底肥，适时追肥，才能获得高产。耕地前，每亩施腐熟有机肥4000～5000千克 、磷酸二铵25千克、硫酸钾20千克或草木灰100千克作底肥。菜苗进入发棵期，生长速度加大，特别是莲座期生长迅速，一般每亩施尿素15千克；结球期还应二次追肥，根据地力，适量增施磷钾肥。注意不得使用工业废弃物、城市垃圾和污泥，不得使用未经发酵腐熟、未达到无害化指标的人畜粪尿等有机肥料。

（2）合理浇水　夏季白菜生长期正值雨季，但此时气温高、蒸发量大，应尽可能保持菜田土壤湿润，以见干见湿为宜，否则不利于叶球的形成。

4. 病虫害防治

（1）防治虫害　夏季白菜生长期正是虫害多发季节，要注意及时防治虫害。该季结球白菜的虫害主要是菜青虫和蚜虫，蚜虫可用50%抗蚜威可湿性粉剂2000倍液或40%氧

化乐果 1500 倍液喷雾；菜青虫可用 4.5%高效氯氰菊酯乳油 2000～2500 倍液喷雾，或用速灭杀丁乳油 20～30 毫升兑水 40～50 千克喷雾。在白菜生产上不使用国家明令禁止的“三高”和“高三致”农药，如甲拌磷(3911)、治螟磷(苏化 203)、甲基对硫磷(甲基 1605)、内吸磷(1059)、杀螟威、久效磷、磷胺、甲胺硫、异丙磷、三硫磷、氰化物、氯化苦、五氯酚、401、六六六、DDT 和氯丹等。具体防治参照病虫害防治章节。

(2)防治病害

① 霜霉病：发病初期用 40%疫霜灵可湿性粉剂或 75%百菌清可湿性粉剂喷雾，隔 7～10 天 1 次，连续喷施 2～3 次。

② 黑斑病：发病初期喷洒 75%百菌清 500 倍液、60%杀毒矾可湿性粉剂 500 倍液，在黑斑病和霜霉病并发时可用 70%乙铝・锰锌可湿性粉剂 500 倍液加 40%乙膦酸铝可湿性粉剂 200 倍液喷雾，隔 7～10 天喷 1 次，连喷 2～3 次。研究结果显示，在团棵期发生黑斑病和霜霉病用此法防治 2 次效果很好。

③ 病毒病：白菜病毒病近几年发生严重，发病初期可喷洒 20%病毒 A 可湿性粉剂或 1.5%植病灵溶液，再加“绿风 95”500 倍液喷洒，效果很好。

④ 软腐病：反季节白菜生长期正处高温多雨季节，病害非常严重，有时甚至绝收。发病初期，喷洒丰灵 500 倍液，或 72%农用链霉素可湿性粉剂 3000～4000 倍液，或新植霉素 4000 倍液；也可用大白菜防腐包心剂 500 倍液喷雾，隔 7～

10 天喷 1 次，共 2～3 次。

⑤ 干烧心病：发病初期喷洒 0.7%硫酸锰或防治丰，绿芬威 3 号加施钙肥防治效果也很好，在苗期、莲座期、包心期各喷 1 次防治。

5. 及时采收

反季节白菜一般定植后 45～50 天即可成熟，成熟后应及时采收，否则植株长势减弱，易发生烂菜现象，影响食用价值和经济效益。

问题 24　江南地区速生白菜的栽培关键技术有哪些？

长江中下游地区在每年的 7—9 月份正值高温干旱，并常伴有台风暴雨，是蔬菜供应淡季。此时，突发性害虫较多，特别是小菜蛾、甜菜夜蛾等抗药性较强的害虫为害猖獗，菜农用药次数增多，上市叶菜往往达不到安全间隔期。为提高菜地抗灾能力，减少蔬菜农药污染，控制害虫对叶菜的为害，从 20 世纪末开始进行了防虫网纱覆盖栽培试验，近年来在夏季速生白菜的栽培中迅速得到了推广应用，并取得了较好的防治效果和较高的经济效益(见彩图 2-1)。

速生白菜要求具有生长迅速、抗高温、雷暴雨和大风、病虫等抗逆性强等特点，杭州、南京、上海等地有专供高温季节栽培的品种，如‘杭州火白菜’、‘上海火白菜’、‘广州马耳白菜’等，但一般都以秋冬白菜中生长迅速、适应性强的品种作夏白菜栽培，如‘扬州花叶大菜’、‘杭州荷叶白’等。

生产实践表明,球叶兼用型大白菜品种'早熟5号'是一个很好的速生白菜品种。据不完全统计,2009—2012年间,每年的推广面积高达50多万亩次。速生白菜的栽培关键技术与夏季白菜类蔬菜栽培基本相同,在生产中要注意以下几点:

1. 防虫网的准备

采用30～40目的尼龙网纱或黑色防虫网,用针线将网纱拼缝至所需宽度,覆盖于整个大棚上(大棚面积390平方米),四周用土压严。播前先在棚内用40%氧化乐果1000倍液喷施一遍,以杀死棚内残余害虫,播后安装好微喷管,以利出苗。此外,小棚覆盖不受棚架的限制,投入少,易于推广,但小棚架的高度应高于蔬菜,以免蔬菜紧贴防虫网,给害虫摄食、产卵有可乘之机。

2. 加强田间管理

待植株长至2叶1心时,追施清淡沼液或清淡粪水,以促进幼苗生长,避免"小老苗",保证速生菜的经济价值和营养价值。根据天气情况浇水,并随水施尿素2～3千克/亩,每隔5～7天一次。在旺长期可进行叶面施肥,可喷施0.2%磷酸二氢钾和0.2%尿素等,以促进稳产高产,对出现的坏苗、死苗要及时清除。

试验结果表明,防虫网对小菜蛾、菜青虫和甜菜夜蛾的防治效果达100%,但对斜纹夜蛾的防治效果不甚理想,发现部分成虫在网纱上产卵,幼虫从网纱小孔中吊丝入内为害。故在生产中也要及时注意病虫害的防治。

3. 及时采收

一般在6～8片真叶的时候就可根据市场需求进行采收

上市，可先进行间苗式采收，最后一并收获。

问题25　白菜类蔬菜金字塔型气雾栽培的关键技术有哪些？

一般传统的栽培模式大多是以土耕的平面栽培为主，这样对光照及肥、水、气等外界资源利用率较低，导致生产效率低下，农耕操作繁琐，难以实现高效高产。金字塔型气雾栽培是在地面上搭建立体的“人字型”蔬菜栽培苗床，通过管道和农用喷头将营养液变成气雾来供给蔬菜根系养分的栽培方式（见彩图2-2）。该栽培方式适合如大白菜、小白菜、生菜、菠菜、芥菜和甜菜等多种绿叶型蔬菜的栽培种植。

1. 金字塔型气雾栽培模式具有以下特点：

（1）避免连作障碍　蔬菜的根系生长于没有土壤的气雾环境当中，这样可以解除土壤栽培的各种土传病与虫害的滋生，可以实现重茬栽培，不需要考虑连作引起的生理与病理障碍。

（2）方便操作，高效利用空间　用泡沫定植板取代了传统的土壤种植，使生产环境洁净化，减少各种土壤秽物对蔬菜的污染。人工操作只需播种与收获，播种也显得极为简单，只需把种子播入海绵块或其他的无机基质中，直接塞入定植孔中即可，收获时可以连根采收也可从基部割除。垂立的定植板可以获取更多的立体空间，实现立体化栽培，操作人员可以直立操作而无需弯腰躬背作业。

（3）缩短蔬菜生长周期　蔬菜的根系生长于塔内的营

养气雾环境中,可以直接获取更充足的养分、水及氧气,使蔬菜的生长速度大大提高,普通品种可以提高3～5倍,甚至更高,大大缩短其生长周期,单位面积的复种指数得以大幅度提高,是一种工厂化蔬菜生产的新模式。

(4)节省资源型与省力型的农业新模式　采用营养液的循环自动控制,可以实现最省水、最节肥的栽培。土壤栽培中,常会因施肥灌水后的地下渗漏与空气蒸发损耗而影响肥水的利用率,使管理生产成本提高,而气雾法可以克服肥水浪费等问题。

(5)拓展蔬菜的种植空间　塔型气雾栽培还可以在干旱的,或者是不适于栽培蔬菜的土壤上进行产业化的种植发展,使蔬菜种植空间大大拓展。只要有水有光照的地方就可以发展,在城市空旷的水泥地面或没有泥土的楼顶也可以进行蔬菜生产,是一种适应性较广的城市农业模式。

2. 金字塔型气雾栽培技术

(1)蔬菜育苗　播种主要采用的材料是海棉块,具体做法是:将废旧海绵用剪刀煎成一定大小的块状,然后在中间用剪刀剪一条口子备用,海绵块要保持一定的湿度(一般以不渗水,能挤出水为原则)。播种的时候用小毛笔头沾起种子直接播进海绵块中即可,然后整齐摆放在浅边塑料筐内,待一筐摆满后,统一撒水浇透海棉体,置放在光照充足的地方萌芽。大约4～5天后便可移栽定植,这个时候要注意,萌芽后有双子叶的种苗要浅播,以免卡在定植板内,因里面水分多造成腐烂;萌芽是单叶的种苗要深播。

(2)移栽　一般种子萌芽后长出2～3片真叶的时候便

可移栽到栽培板上，移栽时，将种苗随海面体一同放入定植板孔内。需要注意的是在放入时，一定要把种苗的所有根系用小木棍塞进板孔内。也可把刚做好的苗种移栽在栽培板上直接让种子萌芽，随后生长。移栽的时候要注意不要损伤种苗的根系和植株叶片。

(3)叶面肥管理技术　植物除了根系吸收营养物质来促使其生长以外，叶片通过气孔的开合和光合作用也可以吸收一部分的营养物质。因此，通过喷施叶面肥，来促进植物的光合作用，降低硝酸盐的含量。有条件投资的农户可在修建大棚时安装像这样的空中喷雾喷头，投资小的农户可通过农用喷雾器逐片来完成喷施液面肥。叶面肥的组成成分：主要是以微量元素为主，也可以根据植物生长的不同阶段来喷施相关的叶面肥，比如在开花结果期，为了使植物座果率提高，可以喷0.3%磷酸二氢钾。在气雾上的叶面肥主要以铁、铜、钼等元素为主，也可以喷施一些全价的营养肥。配制时，可根据产品说明书量化配比喷施。叶面肥的喷施时间：对于一株气雾蔬菜，生长阶段分为幼苗期、成长期、成熟期(开花结果期)。针对这三个生长阶段，对其叶面肥的管理要分别对待，一般幼苗期每天1次，喷施的时间以早上或傍晚为主；成长期每3天一次，时间相同；成熟期每星期2次，以采收时间为限。

(4)病虫害防治技术　对于大棚蔬菜，尤其是气雾蔬菜，其病虫害的防治技术主要是以防为主。通过大棚建设中将防虫网镶嵌在天窗和边膜上，使得一些害虫无法进入，并定期对大棚的整体空间环境进行杀菌消毒(一般每星期

一次为好),可以用对人体无害、无残留电功能水发生装置生产出来的酸水进行喷施。另外,也可以通过各种物理的方法,来防治病害虫,利用捕杀或捕杀板来诱杀虫类,通过对水体的净化杀菌来防病,通过和外界的交流换气来净化空气。在这些前提条件下,大棚内的虫害和病害将大大减少,真正达到无公害免农药栽培。

(5)采收　根据蔬菜的外形特征和栽培时间,根据具体的情况来判断植物是否可以采收,常见蔬菜大约30～40天成熟便可采收,金字塔型气雾栽培还可一边采收一边栽培,采收的时候一般连根一起采收,这样做的原因是以后的保鲜。购买回家一次食用不完可把蔬菜连同根系置放于水盆中保鲜,一般保鲜期可达2周左右。

第三章　甘蓝类蔬菜(结球甘蓝、花椰菜和青花菜)的栽培

问题 26　如何合理选用甘蓝类蔬菜品种？

1. 选用适宜的结球甘蓝品种

结球甘蓝又名卷心菜、圆白菜、洋白菜等，是十字花科芸薹属甘蓝种中能形成叶球的一个变种。甘蓝营养丰富，菜叶质地脆嫩(见彩图 3-1)，可炒食、煮食、凉拌、腌渍或干制，外叶还是畜禽和鱼的好饲料。甘蓝品种丰富，适应性和抗逆性较强，可在不同季节播种栽培。选择合适的品种是甘蓝栽培成功的关键因素之一，不论在什么季节栽培，品种的选择都有一个共同的原则，即选品质优、产量高、外观好、耐肥、抗病虫的甘蓝品种。

春甘蓝选择的一般标准是冬性强，即幼苗长到一定大小后，受到一定时间的低温影响，也不容易发生未熟抽薹现象；生育期短，即从定植到收获 50 天左右为宜；产量稳定，一

般收获时单球重达500克以上。另外,作为春甘蓝栽培,一般要求选用早熟品种。适宜在江南地区作早春栽培的甘蓝品种有'春丰'、'京丰1号'、'博春'、'争春'、'争牛'等。

夏甘蓝在春夏栽培、夏季早秋收获。此季气候特点是高温暴雨,应选择耐高温、抗暴雨、早熟的品种,例如'早夏16'、'京丰1号'(适宜高山地区栽培)。

秋甘蓝在夏末早秋栽培、秋季收获。气候特点是生长前期高温多雨,因此宜选择耐高温或生长前期耐高温的品种。对于秋天延迟栽培的甘蓝宜选用优质、抗病、高产和丰产的早熟品种,如'中甘21号'、'中甘18号'、'中甘192'、'争牛'等。

在南方栽培的冬甘蓝,其球形一般以偏圆或高扁圆为主,单球重2.0千克左右。一般来说,越冬甘蓝叶片比普通甘蓝叶片厚实,色绿,干物质含量及含糖量高,可忍受短期零下8℃的低温,零下5℃以上的地区均不需覆盖保护,露地即可安全越冬。从生育期看,品种有早、中、晚熟之分,早熟品种50～60天,中晚熟品种80～90天。一般选用优良中晚熟品种,产量均可达75吨/亩左右。目前较有潜力的冬甘蓝品种有'中甘101'、'冬甘93'等。

2. 选用适宜的花椰菜品种

在选择花椰菜品种时,一定要适合当地的气候条件,需注意以下几点:

(1)引进种子要注意地区性,一般引种要求产地的气候条件与本地相近似,引进种子应先试种,再根据情况决定是否能种植。

(2)要求品种种性优良,纯度高。

(3)不同栽培季节用不同类型的品种,一般春季栽培宜种中、晚熟的春型品种。秋季宜种早、中熟的秋型品种。目前表现较好的春型品种有‘瑞士雪球’、‘椰尔福’、‘美洲雪球’等,秋型品种有‘荷兰雪球’、‘荷兰48’、‘上海70天’等。

3. 选用适宜的青花菜品种

青花菜苗期一般20～25天。定植至50%花球收获的天数为早熟品种55～70天、中熟品种70～90天、晚熟品种90～120天。因此,品种选择时须根据上市要求、栽培目的综合考虑,根据市场的需求,宜选择优质、耐热耐寒及抗病性强的品种。同时,不同栽培季节应选择不同的适宜品种,夏季生产应选择耐热性强、早熟品种,冬季生产应选择耐寒、株型紧凑、花球坚实的品种。

早熟品种较耐热,冬性弱,在6月底至7月上旬播种,幼苗茎粗4毫米,在10～17℃气温下20天可完成春化,优良品种有‘上海1号’、‘东京绿’、‘里绿’、‘八一奇’、‘索亚斯太’等,花球重300～400克。

中熟品种苗期较耐热,冬性稍强,7月下旬至8月上旬播种,品种有日本坂田种苗公司的‘绿洋’、‘绿岭’等,花球重约400克。

晚熟品种8月中旬至9月上旬播种,翌年1—3月采收。花球重400～500克,主要品种有‘中晚生绿’、‘唐岭’等。

问题 27　如何确定甘蓝类蔬菜适宜的播种期?

1. 结球甘蓝适宜的播种期

适时播种是防止春甘蓝发生未熟抽薹的必要措施之一。春甘蓝适宜播期确定的原则是:幼苗长到6～7片叶时,适逢环境条件刚好满足定植所需要的条件,即地温稳定在5℃以上,最高气温能够稳定在12℃以上,按具备这样条件的时期向前推出育苗所需要的时间,即为适宜的播期。

夏甘蓝一般于3月下旬—5月初分批播种育苗,5—6月份定植,7—9月份收获。具体播种时期根据栽培目的、栽培条件及栽培需要而定。

秋季栽培的结球甘蓝的生长期容易受到霜冻的限制,因此,秋甘蓝适宜的播种期要根据选用品种的生育期确定。一般中熟品种在霜冻前120～150天播种,晚熟品种在霜冻前150～180天播种。

冬甘蓝若播种期提前,有可能在低温来临之前成熟,其抗寒性降低以致遭受冻害,其商品性降低,甚至失去食用价值。最佳的播种期应掌握在低温来临前甘蓝五成熟左右,此生育期间抗寒性最强,生长发育阶段也不具备春化条件而抽薹。

2. 花椰菜适宜的播种期

花椰菜对环境条件要求严格。其营养生长适宜的温度范围为8～24℃,花球形成、生长适温为15～18℃,24℃以上花球小而松散,30℃以上不能形成花球,8℃以下生长缓慢,

1℃以下即受冻。如果花椰菜播种、定植过晚，则错过生长适期，在高温下形成小而松散的花球，品质下降，或秋菜花后期温度低，生长缓慢，不易长成大球。

根据江南地区的气候条件，一般地，春花椰菜应于11月下旬至12月下旬温室或阳畦育苗，2月中下旬至3月上中旬保护地定植。露地栽培在3月下旬—4月上旬定植，不宜过早或过晚，可在5月下旬—6月上旬进行采收。秋花椰菜早熟栽培最早在6月中上旬播种，一般在7月中下旬—8月中旬播种，9—10月份采收。

3. 青花菜适宜的播种期

青花菜喜温和冷凉气候，不耐高温。种子发芽适宜温度15～30℃，生长发育适宜温度8～24℃，花球形成期适宜温度15～24℃，高于25℃时，大部分品种所形成的花球品质变劣。可见，青花菜的生长发育周期与花椰菜大体相同，春、秋两季均可栽培种植。一般秋季播种在8月底—9月，春季种植一般在前一年冬季10—12月播种。

问题28 栽培甘蓝类蔬菜如何进行施肥？

甘蓝类蔬菜喜肥水，在重施基肥的基础上，要追施速效氮肥，并注意磷、钾肥配合施用。在生长期间要满足水肥供应，特别是在叶球或花球形成期要及时满足植株生长发育对肥水的需要。育苗期要求苗床土壤肥沃，排水便利，可在播前1周施厩肥或复合肥作基肥。定植后要结合浇缓苗水，

合理施用轻薄肥，促进缓苗后生长。结球甘蓝的施肥重点在莲座叶生长盛期，以及结球前期和中期，可根据土壤肥力情况进行施肥，在莲座中期、结球前期和中期分次追肥。还可以叶面喷洒含有氮、磷、钾及微量元素的叶面肥。施肥原则是菜小施近，菜大施远，晴天施淡，雨天施浓，小株多施。

对于花椰菜和青花菜而言，要特别掌握好蹲苗技术，即抑制幼苗茎叶徒长、促进根系发育。这是肥水管理的重要环节。一般缓苗后，即行中耕，控制浇水，促使根系深扎和花球的发育。对于花椰菜和青花菜，蹲苗期不宜过短或过长，一般掌握在花球直径 3 厘米左右时结束蹲苗。然后及时浇水追肥，促进花球迅速生长。主花球采收后，加强肥水管理，可提高侧花球的产量。

但过度施肥也会对甘蓝类蔬菜造成不良影响，例如过量施氮肥引起钙素缺乏会导致结球初、中期叶缘变褐、腐烂，所结叶球(或花球)内部变褐、腐烂等。

问题 29　如何确定甘蓝类蔬菜适宜的采收期?

甘蓝类蔬菜应适时采摘，收获期不宜过早或过晚，否则影响产量和质量。例如，春花椰菜要及时收获，以防松散、变色，对秋花椰菜则可防霜冻。

结球甘蓝当叶球充分膨大时就可采收，待叶球紧实及时收获。

花椰菜则要求花球充分长大、洁白、质地致密、表面周正、边缘尚未散开时作为采收适期。

青花菜的花球成熟后，手感花蕾粒子开始略有松动或花球边缘的花蕾粒子略有松散为采收适期，必须及时采收。采收应安排在清晨或傍晚进行。顶球采收后，植株的腋芽萌发，并迅速长出侧枝，于侧枝的顶端又形成花球，即侧花球。当侧花球长到一定大小，花蕾尚未开放时，可再进行采收，可陆续采收2～3次。

问题30　如何防止甘蓝类蔬菜的“先期抽薹”现象？

1. 甘蓝类蔬菜“先期抽薹”形成的原因

“先期抽薹”也叫“未熟抽薹”，产生的主要原因是甘蓝类蔬菜的幼苗受低温的影响，通过春化阶段形成花芽引起的。在花椰菜和青花菜生产中，则以“先期显球”或“早期现球”现象出现。品种、播种期、苗期管理、定植、气候等诸多因素都可能引起甘蓝类蔬菜“先期抽薹”的发生。

(1)品种选择不当　春甘蓝品种如果冬性不强，易出现“先期抽薹”。对于花椰菜和青花菜而言，若将秋季品种作春季栽培，由于秋型品种春化较快，叶面积较小时即能产生花球，导致早期现球。

(2)播期不当　春甘蓝播种期过早则幼苗受低温时间加长而易通过春化而抽薹。春花椰菜播种过早，苗龄过大，则易早抽薹；播种过晚，尤其是早熟品种迟播，加上肥水不足，植株长出几片叶后即过早出现花球。

(3)苗期管理不当　春甘蓝育苗时，如果苗床温度管理较高，幼苗的生长速度较快，就容易使幼苗达到通过春化时的大小，定植后遇到低温就容易发生“先期抽薹”。尤其是近年来采用保护地育种发展很快，采取晚播保护地育苗，使幼苗生长进程加快，人为地增加了幼苗通过低温春化而抽薹的几率。而对于花椰菜和青花菜而言，则正好相反，幼苗期长期低温会导致先期显球，长期低温会促使花芽分化，抑制营养体的生长，形成小老苗。

(4)定植不当　春甘蓝栽培因为早春露地温度比苗床低，定植过早，温度低、缓苗慢，幼苗经过低温的时间长，因而未熟抽薹几率提高。春花椰菜定植过早，地温低，不利于发根，若再遇寒流天气，植株缓苗慢，生长不旺，会早期现球。

(5)异常气候影响　春甘蓝定植后若遇到“倒春寒”天气，幼苗长期处于低温条件下，一旦温度达到春化条件，极容易通过春化导致抽薹。

(6)管理不当　春甘蓝播种出苗后没有做到控肥、控水、控温，而是大肥大水，导致苗床温度过高，幼苗生长较快，定植时幼苗过大，使其达到通过春化的大小而发生未熟抽薹。定植后，如不注意蹲苗、肥水过勤，可使植株生长过旺，不仅延迟包球，也易引起未熟抽薹。花椰菜和青花菜在幼苗及花球增长期，如遇到高温干旱天气，土壤水分不足，空气干燥，叶片失水，易导致花蕾显球，严重时抽薹开花。同时，长时间的干旱缺水也会导致花椰菜和青花菜先期显球。

2. 预防甘蓝类蔬菜“先期抽薹”的措施

(1)选择合适的品种　不同品种通过春化阶段对低温的要求不一样，一般春季栽培宜选择春季生态型或冬性较强的品种，切忌将秋季生态型的早熟品种用于春季栽培或保护地栽培。

(2)适时播种，适时定植，合理控制苗床温度　不同品种在不同地区栽培均有其适宜的播种期，若播种过早，越冬植株较大，易先期抽薹。播种愈晚，越冬植株愈小，发育越晚，抽薹率也愈低，但播种过晚易造成幼苗弱小，越冬会冻坏，导致收获晚、效益较低。春甘蓝要适当晚定植，避开不利天气的影响，可以避免和减少先期抽薹现象。但如果定植过晚，则成熟上市时间延后，错过了最佳销售价格时期，就会降低效益。因此，适时播种、适时定植是夺取高产高效的关键。此外，要根据不同的育苗方式控制苗床温度、控制苗龄大小来避免未熟抽薹，对于春甘蓝而言，要避免苗床长期高温，而对于花椰菜和青花菜而言，避免较长时间的低温，防止“小老苗”的形成。

(3)加强田间管理　春甘蓝苗期要控制施肥，防止幼苗徒长，培育壮苗，而不是大苗；定植后施肥、浇水要掌握冬控春促的原则，冬季不宜过分促进发棵，要根据苗情、天气状况采取蹲苗，翌年低温过后，加强肥水管理，采取促控相结合的管理措施，既可以防止甘蓝类蔬菜未熟抽薹，又可获得早熟丰产。对于花椰菜和青花菜而言，以促为主，苗期要防止干旱，选择耕作层深厚、富含有机质、疏松肥沃的壤土栽培，加强肥水管理，追肥要及时，防止旺盛生长期脱肥。

问题31　江南地区秋冬季甘蓝类蔬菜的栽培关键技术有哪些?

1. 秋冬季结球甘蓝的栽培关键技术

(1)播种　江南地区无霜期长，冬季温度略高，秋冬季结球甘蓝一般在8月上、中旬播种，但具体的播种期还要依栽培品种的生长期长短及当地秋季气候特点而定。

育苗期间正值高温多雨天气，最好采用凉棚育苗，一般用闲置大棚，只覆盖顶部，四周薄膜留空，顶部也可设置遮阳网，遮阳网等覆盖物要按时揭盖，晴天一般在上午10时盖上，下午3—4时揭掉，阴天不盖，当气温降至一定温度时，可以揭掉覆盖物。

选择地势较高、排灌便利、土壤疏松肥沃、前茬为非十字花科蔬菜的田块作苗床，播种前施足基肥，例如，在越冬甘蓝新品种‘冬甘93’播种前1周，每亩施厩肥1500千克作基肥或每亩施优质复合肥40千克，严禁施用未腐熟的鸡粪和尿素、碳酸氢铵等氮素肥料，以免烧苗。深耕细耙，使土壤疏松，整平作畦，筑成畦高20～30厘米、畦宽1～1.2米的高畦。也可用穴盘基质育苗。

播种方式可根据各地习惯，采用撒播、条播或点播，条播可按行距7厘米开沟，按每克种子插4行均匀播种；撒播按3克/平方米播种；点播则以每25平方厘米营养土块播2～3粒种子为宜，每亩大田用种量为40克左右。播前浇足底水，等水渗下后，干籽播种，播后覆一层细土。一般3～4天即可出苗。

（2）苗期管理　苗期正值气候多变时期，要根据实际情况管理苗床，注意适量浇水，浇水以土表略干为宜，防止因床土湿度过大引起病害和幼苗徒长，或床土过干导致死苗。一般而言，初出土苗每天浇水1次，以后每隔1～2天浇1次，当幼苗具有2～3片真叶时，减少浇水次数。于晴天培土，雨后湿度过大，可撒干土吸湿。当幼苗具4片真叶时，可浇提苗肥1次，如用稀薄人粪尿或腐熟饼肥水。及时间苗，去除密苗、弱苗、劣苗，根据品种特点按一定间隔留苗，使幼苗整齐一致，定植后便于管理。穴盘育苗的每穴留1根壮苗为宜。

（3）定植　一般品种在幼苗具有6～8片真叶时即可定植，这时气温还较高，起苗时应保证幼苗带好土块或土团，缩短缓苗期。定植后，立刻浇活棵水，确保成活率。大田要求土壤肥沃，排水便利，前茬为非十字花科蔬菜作物。前茬收获后，应及时清除杂草，利用夏季高温翻晒土壤，在土壤湿度适中时及时耙碎耙平，再开沟筑畦。密植是甘蓝增产的技术措施之一，定植株行距一般为40厘米×40厘米，每亩定植约3500株。

（4）大田管理

①施肥：定植后气温逐渐降低，适合结球甘蓝生长，要求肥水充足，幼苗缓苗后，新根发生时，即可施用稀薄粪肥，定植后7～10天结合中耕追第1次肥；但施肥的重点是在莲座叶生长盛期及结球前期和中期，可根据土壤肥力情况进行施肥，在莲座中期、包球前期和中期分次追肥。

②水分管理：灌水结合追肥进行，在定植早、气温高的

时期,要定期灌水。但要忌湿,每次灌水后需立即排除沟内余水,防止浸泡时间过长,发生沤根。叶球生长完成后,停止灌水,以防叶球开裂。

③中耕除草:从定植到植株封行进行中耕除草2～3次,原则是大雨或灌水后及时中耕除草,以防土表板结或杂草滋生,中耕除草时必须进行培土。

(5)病虫害防治及采收　越冬栽培结球甘蓝的生长前期在秋季,高温多湿,病虫害较多,应注意防治。采用以防为主的措施,控制病虫害发生。合理安排茬口、品种,前茬收获后及时清除杂草,深翻晒垡。种植地应尽量与前作及邻作的甘蓝类蔬菜地错开,以减少虫源。

幼苗期病害主要有立枯病、猝倒病、霜霉病,可选用绿亨1号、绿亨2号、75%百菌清可湿性粉剂500倍液或80%代森锰锌600倍液喷洒防治。

虫害主要是小菜蛾、菜青虫、甜菜夜蛾等鳞翅目害虫,采用化学防治方法防治。喷药宜在午后或傍晚进行,药液主要喷到叶背和心叶上。常用的药剂有抑太保2000倍液、卡死克2000倍液、20%氰戊菊酯2000～3000倍液、25%溴氰菊酯3000倍液、20%灭扫利乳油4000倍液、2.5%功夫乳油5000倍液等。防治蚜虫,可用10%吡虫啉可湿性粉剂1500倍液、5%啶虫·高氯3000倍液喷雾,每6～7天防治1次,连喷2～3次。

根据品种特性,结球紧实,应适时采收,防止裂球而失去经济价值。

2. 秋冬季花椰菜的栽培关键技术

(1)播种　根据天气情况和品种特性,选择适宜播种期。秋冬季栽培的花椰菜品种一般为中熟品种,早熟栽培最早在6月中上旬播种,一般在7月中下旬到8月中旬播种。

选择土壤疏松肥沃,排灌方便,3年内未种十字花科类作物的田块作为苗床,翻耕,整平耙细,播种前3～4天可适当地用50%代森锰锌2000倍液喷洒防病菌,浇足底水。苗床一般设在塑料大棚、塑料小棚内,露地育苗应有遮阳、避雨、防虫等设施。播种前可根据种子质量晒种消毒后或用合适的消毒粉剂拌种消毒。一般采用撒播,播种后覆盖0.4～0.5厘米左右厚的过筛细土,用喷头均匀喷水,覆盖双层遮阳网,也可播后先不覆细土,在床土不过湿情况下适度镇压,平铺双层遮阳网,然后浇水,种子露白后覆细土0.5厘米。也提倡穴盘或营养钵育苗,可直接点播于孔穴内,不需分苗。

(2)苗期管理

①水分:苗期水分管理特别重要,出苗后少浇水,特别是在第1片真叶展开前不宜浇水,否则极易引起徒长。若用穴盘育苗,也要注意盘内基质水分不能长期过湿或过干,雷雨天用尼龙薄膜挡雨。

②温度:秋季苗期应根据温度及时覆盖遮阳网适当降温。一般是晴天盖,阴天揭。

③分苗:间苗1～2次,并及时中耕松土,除草追肥。在幼苗具有3～4片真叶时,可按8～10厘米株行距分苗,在保

护设施内分苗床上开沟栽苗或直接分苗于 6～8 厘米营养钵内。秋季分苗后，应及时遮阴浇水，有条件的可覆盖防虫网防虫，缓苗后床土不干不浇水，定植前 1 天浇透水，起苗囤苗，即按苗距将床土裁成方形，根在泥坨内部，苗居泥坨正中，以抑制茎叶生长，促进新根的大量发生。

④壮苗标准：植株矮壮，4～6 片真叶，叶片肥厚，根系发达，无病虫害。

(3)整地筑畦　选择肥沃、排灌方便壤土或沙质壤土地块栽培，切忌与十字花科蔬菜连作或重茬。定植前 5～7 天施基肥，每亩可用腐熟农家肥 3000 千克或商品有机肥 500～1000 千克和复合肥 50 千克、硼肥 1 千克，混匀后做基肥均匀撒施，也可用经无害化处理的有机肥 1500 千克，含氮、磷、钾各 15%的三元复合肥 400 千克，硼砂 15 千克等撒施，深翻 30～35 厘米，筑深沟高畦，花椰菜怕涝，应做到深沟高畦，沟渠相通，严防雨天积水。

(4)定植　秋季栽培在播种后 30～40 天、4～6 片真叶时选晴好天气下午 3 时后带土定植。定植时苗龄不可过长，以免花球早现，失去商品价值。定植时大小苗分开，浅栽轻压，边栽边浇定根水，次日早晨浇透活棵水。一般 1.5 米畦宽，每畦定植 2 行，株距 45～50 厘米。

(5)田间管理

①水分：花椰菜是喜湿润的植物，在整个生长过程中需要大量水，尤其在叶簇旺盛期和花球形成期需水量更大。以见干见湿、轻浇勤施为原则，据天气情况、植株长势，结合追肥浇水，保持适宜的土壤湿度，在高温干旱时，除泼肥浇

水外，还要进行沟灌。但也要做到雨后及时排水，严防田间积水。

②肥料：采取前控后促的原则，前期薄肥勤施，在整个生长期内，追肥4～5次，缓苗后第1次追肥，可施用尿素；定植8～10天后可进行第2次追肥，可施三元复合肥；以后视植株生长情况再施1～2次复合肥。当心叶开始旋拧，花球开始形成时，要施重肥，此时还可追施含硼、钼微量元素的叶面肥，慎浇粪水，以防花球腐烂。

③中耕除草：定植后至植株封行前，要根据天气、墒情、田间杂草等情况，及时除草、中耕1～3次。

④折叶护球：花椰菜秋季栽培时太阳直射光强烈，花球色泽见光易变黄，为防止强光照射，保持花球洁白，并在后期防霜冻，可适当折叶盖球。现球后选花球附近的2～3张叶片向内折断主脉，盖严花球。盖花球的老叶干枯后要及时调换，盖花球要做到勤检查、勤遮盖。

(6)病虫害防治　秋季花椰菜栽培在苗期需重点防治猝倒病、立枯病，定植后需重点防治霜霉病、黑斑病和黑腐病。

①猝倒病：发病初期可选用72.2%霜霉威500倍或50%安克2000倍液喷雾。

②立枯病：发病初期用恶霉灵4000倍或50%多菌灵500倍液喷雾。

③霜霉病：在发现中心病株后可选用75%百菌清可湿性粉剂800倍液，或50%多菌灵600倍液，或70%代森锰锌600～800倍液，或10%科佳2500～3000倍，或72%杜邦克

露 500～600 倍液喷雾防治。

④黑斑病和黑腐病:在做好农业防治、降低田间湿度的情况下,在发病初期可选用 75%百菌清可湿性粉剂 800～1000 倍液、50%扑海因可湿性粉剂 1500 倍液、72.2%霜霉威盐酸盐水剂(普力克)600～800 倍液或 77%氢氧化铜可湿性粉剂(可杀得)1000 倍液等喷雾防治。

秋季花椰菜栽培虫害主要有黄曲条跳甲、夜蛾、小菜蛾、菜青虫、蚜虫等。

农业防治:合理安排轮作,清洁田园,培育壮苗,合理肥水管理。

物理防治:利用频振杀虫灯、性诱剂诱杀成虫、黄粘板诱杀、防虫网。

化学防治:使用安全的化学农药。

①菜青虫、小菜蛾:幼虫 2 龄前可选用百草一号 1000 倍液、1%灭虫灵 2000 倍液、2%苏阿维 1500 倍液、5%锐劲特 2500 倍液或 1%阿维菌素 1500 倍液喷雾防治。

②蚜虫:可选用 10%一遍净可湿性粉剂 1500～2000 倍液或 10%吡虫啉可湿性粉剂 1500～3000 倍液防治,6～7 天喷 1 次,连喷 2～3 次,用药时可加入适量展着剂。

③夜蛾类:在卵孵化盛期、低龄幼虫期可选用 5%抑太保乳油 2000 倍液、15%安打 3750 倍液、20%米满 1500～2000 倍液或 1%阿维菌素 1500 倍液喷雾防治,注意轮换、交替使用农药。应选择晴天傍晚用药,阴天可全天用药。

此外,黄曲条跳甲可选用 18.1%富锐 3000 倍液喷雾。地老虎可喷洒 48%乐斯本乳油 1000 倍或 40%新农宝 1000

倍液并结合人工捕捉进行防治。

(7)采收　花球的成熟在植株个体间很不一致,应及时分期采收。采收标准是花球充分长大,表面圆整,边缘尚未散开。秋冬季栽培的花椰菜成熟时正处寒冷季节,可隔4～5天采收。采收及时与否对产量和品质关系极大,早采影响产量,过迟采收花球表面凹凸不平,色泛黄而影响品质。采收时在花球下带几片叶子割下,以利包装运输时保护花球。

3. 秋冬季青花菜的栽培关键技术

(1)品种和基地选择　早秋栽培的品种可选择早熟品种,如'里绿'、'东京绿'等花球圆球形、花蕾粒小良种;播种后95天左右即可收获。秋冬延后栽培可选择耐寒性强、中晚熟的日本品种,如'梅绿'、'圣绿'、'晚绿',栽培容易,适应性广。它们的单球重在0.4千克以上,主茎13～16厘米,圆球形,色绿,无焦蕾、黄斑,蕾粒细,花球紧密,商品性好,符合加工出口以及国内市场的要求。

青花菜喜水、喜肥、怕旱、怕涝,苗床地和栽培地宜选择肥力条件好、土质疏松、排灌方便、前茬未种过十字花科蔬菜的地块。播前先清除地下害虫,深耕细耙,施复混肥作底肥,可用多菌灵或百菌清等均匀喷于畦面进行土壤消毒。

也可采用穴盘育苗,用穴盘育苗的先配制好营养土,选择3年内没种过十字花科蔬菜的田园土或稻田土3份,加充分腐熟农家肥1份,然后按每立方米的营养土加入过磷酸钙1千克、硫酸钾0.6千克(或生物钾0.5千克),充分混匀,装杯。

(2)播种育苗　早秋栽培一般在8月上旬播种,秋冬延

后栽培可在9月初播种，推迟播种会影响植株前期的生长量，进而影响后期的产量和品质。苗床播种，播前将种子与一定量的细砂混匀再播种，播后盖上0.5～1厘米薄土；穴盘播种的，播前将营养土淋湿。每穴播1粒，播后盖上薄土。夏末初秋播种，天气还处于高温多雨时节，无论穴盘或育苗，都需要覆盖大棚膜或遮阳网，防止高温及暴雨等影响，提高出苗率，以利培育壮苗。

(3)移栽定植　青花菜是喜肥耐肥的蔬菜，其根系主要分布在耕作层中，所以肥沃、保水保肥性良好、排灌方便的土壤有利高产，可提前施足基肥。同时注意选择前茬为非十字花科蔬菜的田块。

当苗龄达30天左右，一般不超过35天，幼苗具5～6片真叶时即可移栽定植。一般采取双行定植，行距40～50厘米、株距30～40厘米，早熟品种可适当密植，一般每亩栽3000株，中熟品种应注意稀植，一般每亩栽2000～2500株。

(4)田间管理

①水分：青花菜整个生长过程中需水较多，要保持土壤湿润，特别在现蕾期和花蕾发育期，切忌干旱缺水，否则会抑制花球形成和膨大，导致产量低、品质差。但由于不耐涝，灌水时不宜漫灌，应沟内灌水，水分渗透畦沟后及时将余水排出。

②肥料：秋冬季青花菜施肥的原则是重施基肥轻追肥，莲座叶生长期以氮肥为主，花球生长期则要施大量磷钾肥，同时，对硼、镁等微量元素有特殊要求，缺硼常造成花茎中空和开裂。应注意勤施薄肥，一般定植成活并长出1～2片

新叶时便可追肥，每隔7～10天施1次，施肥量须随着植株的生长，由少到多逐渐增加，进入花球生长发育期，还须叶面喷施硼砂防止花球中空。花球出现后停止追肥。叶面喷施尿素、磷酸二氢钾、沼液、钼肥、硼肥等补充营养。在主球采收后，可根据侧花球生长情况，追施适量速效性肥料，促进腋芽花蕾群生长。

(5)病虫草害防治　青花菜易发生多种病虫害，基本与花椰菜类似，防治方法也同其他十字花科蔬菜。防治病虫害时应注意，在发病初期喷施药剂，现蕾后一般不再喷药。这里补充结球甘蓝和花椰菜栽培中未提及的几种病害及其防治方法。

①软腐病：青花菜生长后期遇较多雨水时易发生软腐病，病斑呈大水渍状，逐渐软化腐败，产生臭味。病菌从根、茎、叶的伤口侵入。防治方法：①及时防治病虫害，减少伤口形成。②发病初期及时喷洒硫酸链霉素或72%农用链霉素可湿性粉剂1000倍液或新植霉素4000倍液。

②菌核病：发病初期用50%扑海因可湿性粉剂1000倍液或50%速克灵可湿性粉剂1000～1200倍液喷雾防治，连续喷药2～3次。

(6)采收　青花菜采收过早和过迟都会影响产量、品质和效益。一般以不散球、不开花、花蕾紧凑、花球表面紧密并平整、花球茎枝尚未伸长时为采收适期。采收时将花球连同10厘米左右长的肥嫩花茎带3～4片叶一起割下。采收后要尽快包装上市，未能及时上市的须迅速低温贮藏。为保证运输过程中不出现机械损伤，花球最好折叶盖好，防

晒、防碰伤。顶球采收后，植株的腋芽萌发，并迅速长出侧枝，于侧枝的顶端又形成花球，即侧花球。当侧花球长到一定大小，可再进行采收，可陆续采收2～3次。

问题32　江南地区春季甘蓝类蔬菜的栽培关键技术有哪些?

1. 春结球甘蓝的栽培

春甘蓝一般在9—10月份播种(露地越冬栽培模式)，或1月份左右播种(保护地栽培模式)，4—5月份收获，所以在春甘蓝整个生长期中，低温占了很长一段时间。采用露地越冬栽培模式，气温是不可控因素，因此，运用合理的栽培管理技术，使甘蓝苗在越冬前尽量长大而又不过大，以防在冬季通过春化阶段而导致未熟抽薹，这是春甘蓝获得早熟、高产的关键。

(1)播种　春甘蓝播种期十分严格，过早易通过春化而抽薹，过迟则达不到早熟的目的。在江南地区，可在10月中下旬播种;进行保护地育苗的，在12月中下旬播种。苗床要求及播种方式同秋冬季栽培的要求。10月份育苗，一般4天即可齐苗;12月份在保护地育苗，一般一周左右幼苗即都出土。

为了使出苗早而整齐，可进行催芽播种。催芽前用50～60℃温水烫种8～10分钟，并不断搅拌，再用20～30℃温水浸种2～3小时，然后捞出种子，放在25℃左右的条件下催芽。

(2)苗床管理　为了培育壮苗、良苗,苗床应注意适量浇水,防止因床土湿度过大引起病害和幼苗徒长,或床土过干形成僵苗。有假植习惯的地区,以株行距5厘米×5厘米选择良苗假植。

在间苗或假植后,根据苗的大小决定控制肥水蹲苗还是施肥水促小苗。但在定植前半个月(苗龄35天左右)要蹲苗,促进根系生长,使地上部分和地下部分比例平衡。

苗期温度管理:在出苗前以保苗为主,给予较高的温度,一般应保持在25℃左右,以促进出苗。幼苗出土后适当通风,到中后期以控温为主,白天保持在20℃左右,夜间10～15℃。

(3)定植　当幼苗长到6～7片真叶时,环境条件满足定植所需要的条件,便可以定植。定植前进行深耕晒垡,整成高畦,施足基肥。定植前一周左右,要逐渐加大苗床的通风量,适当降温、控水,使幼苗得到锻炼,以适应定植后的环境条件。定植后,及时浇足定根水,视天气和土壤的干燥程度决定第二天是否复水。春甘蓝一般株幅较小,可以适当合理密植。

(4)田间管理　缓苗后及时追肥,入冬后,要控制小苗生长,同时预防冻害。避免幼苗生长过快,导致通过阶段发育转变,引起未熟抽薹。

采用保护地育苗方式的,在苗期注意培育良苗,为促使早熟,可采用地膜覆盖,小拱棚或大棚种植。缓苗后,尽早追肥,使叶球迅速形成。

春季回暖后,及时中耕一次,重施追肥。在封行前再中

耕一次。结球初期,再施一次追肥。同时结合浇水,保持田间土壤湿润。结球期,可叶面喷施赤霉素 50 毫克/升或采用喷施宝、叶面宝、高美施等叶面肥叶面追肥一次,这样可以提早收获。

(5)病虫害防治　易发生的病虫害及其防治方法同以上甘蓝类蔬菜栽培中提及。

(6)采收　早熟品种,一般在 4 月中下旬上市。品种整齐度好的,可一次性采收,也可根据市场情况灵活掌握采收时间,以获得最好的经济效益。针对甘蓝成熟期不一致,做到分批采收,采收期达 20 天左右。

2. 春季花椰菜的栽培关键技术

(1)播种时间和方法　播种时间以 11 月下旬为宜,2 月中下旬移栽。播种时间不宜过迟或过早,否则容易影响花球品质。经试验表明,采用穴盘育苗方式育苗具有出苗率高、播种后出苗快、幼苗整齐、移栽后成活率高的优点。同时,还能节省种子量,减少种植成本。主要关键技术环节可参考如下几点:

①准备苗床:将用作苗床的田块整平拍实,每亩大田苗床长 7 米、宽 1.2 米。播前用 5%百事达 EC 1500 倍加 50%多菌灵 WP 500 倍喷洒床面,每亩苗床用药液 100 千克。

②选择穴盘:采用 72 孔穴盘对幼苗生长比较适宜。

③配制基质和装盘:采用商品基质,每 1 立方米基质可装 72 穴盘 300 个,每亩大田需基质 0.1～0.15 立方米。配制基质选用草炭∶蛭石∶珍珠岩以 3∶1∶1 比例混合配制,再用石灰调节基质 pH 值。同时,每 1 立方米拌入 45%复合

肥2千克和50%多菌灵WP 500克。每盘均匀撒上基质后，用水平尺赶平穴盘面，然后用另一穴盘的底部在穴盘面抵压一下，形成一个便于播种的凹坑。

④ 播种：可用配套的负压式播种机取种后对准孔穴，每穴播1粒种子。播种完成后用蛭石盖面，厚度以与穴面平齐为准。

⑤ 布床：将播种后的穴盘移到苗床上，横向摆放，两盘1排。摆放完成后用喷水壶浇透水，然后平铺薄膜促出苗。出苗后除去地膜，移栽前2～3天通风炼苗。

(2)定植　选择地势平坦、肥力良好、排灌方便且前作非甘蓝类的地块进行种植。播前整地施基肥，如每亩施50千克复合肥，或500千克有机肥。在2月中下旬选晴天移栽，因春季栽培时花椰菜株型高大，定植时每亩的种植密度以2000株为宜。播后及时浇水。

(3)田间管理

①追肥：生长前期一般不用追肥，在花球现蕾期可施1次尿素；在花球膨大期增施1次钾肥。春季栽培时常年田间水分较为充足，因此一般情况下不用进行浇、灌水管理。但遇连降大雨时，应及时排干沟里的积水，以免增加病害的发生。

②折叶覆盖：花椰菜的叶片外叶扭转，内叶的抱被性较好，使花球在未充分显露时避免阳光照射，使花球色泽保持洁白。在收获前半个月如果气温升高，光照增强，田间察看花球时对部分暴露的花球进行折叶覆盖，以保持花球色泽不致变黄。

③病虫防治:春季栽培时病虫发生少,对于春花椰菜黑腐病发生比秋栽轻,可适当减少预防次数,视田间生长势而定,可预防1～2次。防治药剂同前。虫害以小菜蛾、菜青虫等为主,危害性并不大,只需用杀虫素、菜喜等药剂进行防治。

(4)采收　春季栽培一般收获期在5月中旬—5月下旬,选花球充分膨大、紧实度好的植株分批收割。

3. 春季青花菜的栽培关键技术

(1)品种选择　春季栽培的气候特点为苗期温度低,生长后期温度升高快,因此,不能选择早熟品种,否则会造成先期抽薹现象,但也不能选择迟熟品种,因为迟熟品种在低温下才能结球,其生育期长,结球期将会遇上较高的气温,从而不能结球或形成松散的或毛叶花球。青花菜春季栽培应选择适应性强、耐寒、较耐热、株型紧凑、花球紧实的中温型中熟或中早熟品种。

(2)播种　根据上市期安排播种,播种期一般为11—12月,最适宜的播种期为12月上中旬,在大棚等保护地内育苗或栽培。

(3)培育壮苗　应采用保护设施育苗,春季栽培的青花菜,为避免过低的温度造成冻害和先期抽薹,应采用大棚冷床育苗,必要时需采用多层覆盖保温或温床育苗。有条件的要提倡采用直接播种在营养钵中或穴盘中的育苗方法,无需假植分苗。同时要加强管理,春季前期温度低,幼苗易受冻害或冷害,为避免淋水引起土温急剧下降,苗期应注意控制浇水次数和浇水量,防止因棚内湿度过大而引起猝倒病等多种病害的发生。

(4)定植　定植田块的选择与秋冬季节栽培的要求相同,有条件的还可采用地膜覆盖栽培,不但可提高土壤温度,保墒防涝,减轻杂草危害,滩涂地还可延缓返盐,减轻盐害,明显增加植株长势和增强植株抗病性,增产效果明显。

春季温度低,秧苗生长慢,苗龄一般在45～60天,具4～5片真叶即可定植。采用棚内育苗露地定植的,宜根据露地定植的适宜时期,调节育苗棚内的温湿度,确保秧苗能按期移栽。定植前7～10天进行炼苗,使幼苗逐渐适应室外的低温环境,以提高移栽成活率。

江南地区春季栽培青花菜一般在1月下旬至2月定植。一般株距35～40厘米,依品种不同调节种植密度。大棚等设施内栽培的,密度则应该稍稀些。定植后及时浇定根水,促活棵。活棵后因气温低,蒸发量较小,一般不需浇水,如土壤过干,可在中午温度较高时浇稀薄人粪尿。

(5)田间管理

①温度:春季花椰菜栽培生长前期处于低温季节,生长慢,而青花菜的植株大小与花球产量关系密切,且生长后期温度升高快,对青花菜的花芽花蕾分化和花球形成不利。因此,在田间管理上,生长前期要求做好保温工作,防止受冻。大棚栽培的要及时闭棚保温,露地栽培的要尽早开沟排水防冻,若遇突发性大霜或冰冻天气,应采取遮阳网浮面覆盖的补救方法。生长后期气温升高以后,设施栽培的要及时做好通风降温工作。

②肥水:施足基肥,缓苗后要控肥水,提高抗逆性。天

气转暖后，要及时追肥，以促为主；花球膨大后尤其要重视肥水，结合中耕除草，促进花球膨大。为防治花茎空心，现蕾前15～20天可进行叶面追肥。春季栽培青花菜生长前期气温低，一般无需灌水，为避免浇水引起土温急剧下降，浇水宜在中午进行，浇水量也不宜过多。气温回升后，土壤要保持一定的湿度，特别是结球期切勿干旱，以免抑制花球的形成。露地栽培的，大雨后要及时排水，切勿积水。

(6)病虫害防治　易发生的病虫害及其防治方法同以上甘蓝类蔬菜栽培中提及。

(7)采收　春季栽培的青花菜，前期温度低时，可根据市场行情及商品需求，分期分批及时采收花球上市。采收标准同秋冬季栽培，适宜晴天上午10时以前采收，下雨天不采收，一般每天采收1次。生长后期，因温度高，商品采收季节短，要及时采收，防止开花而影响商品性。

问题33　江南地区夏季甘蓝类蔬菜的栽培关键技术有哪些？

1. 夏季结球甘蓝的栽培关键技术

(1)选择合适品种　选用抗(耐)病虫性强、耐热、结球紧密、早熟丰产的品种。目前宜选用的品种不多，一般以‘夏光’、‘早丰55’、‘中甘8号’、‘黑叶小平头’甘蓝为主。

(2)培育无病虫壮苗　夏甘蓝一般在6月上中旬育苗，选饱满种子直播，播后应搭凉棚并用遮阳网遮阴，实现无病虫育苗。适当稀播，出苗后拔密苗，间弱苗，3～4叶时假植一次。

(3)适龄移栽　一般控制在苗龄30～35天时移栽，此时正值伏旱，宜在下午4时后定植，定植时用无污染的10%清水粪作定根水，第二天上午再补浇一次，以提高成活率，密度根据品种而定，一般夏季甘蓝叶球较小，可适当密植，为每亩3500～4000株。

(4)合理追肥浇水　夏甘蓝应重视施肥，以防夏季多雨导致养分流失而造成甘蓝脱肥，并可提高甘蓝的耐涝能力。可在定植前，每亩开沟施入复合肥30千克，活棵时浇施尿素20千克，15天以后再浇施尿素10～15千克。若苗子长势不正常，可结合中耕施3～5千克尿素。当苗子在田间略有萎蔫，宜在早晚灌无污染的清洁水，保持土壤湿润。尤其是结球期不能缺水，否则易导致叶球松散、产量低。遇阴雨天气，要及时排渍，达到雨停田干。

(5)中耕除草　夏季有利杂草孳生，地表蒸发量大。需多中耕除净杂草，减少地表蒸发。在秧苗活棵后，也可用除草剂双丙氨磷每亩60～200克液除草。

(6)病虫害防治及采收　夏季容易发生的病虫害有软腐病、黑腐病、蚜虫、菜青虫、小菜蛾等。防治方法基本同前。

夏甘蓝采收在8—9月，正值菜淡季，若市场行情好，只要叶球已开始包紧时就可采收上市，若市场行情平稳，待叶球长到标准时采收。

2. 夏季花椰菜的栽培关键技术

(1)精心育苗　夏季花椰菜播种期正值高温、干旱或多阵雨季节，苗床需选择地势较高、通风凉爽、水源方便的地

块，床面要整平；播种前土壤应浇透水并撒一层干土，然后播种盖土。播后及时将畦面盖上双层遮阳网，防止因浇水和阵雨冲击影响出苗；待出苗后及时将畦面遮阳网改为小拱棚单层覆盖，棚边通风，防止烈日直射以降低地温。出苗后约2周(1～2片真叶)，进行假植移苗，或直接移入营养钵中(尤其是早熟品种栽培定植时需带土移栽)，浇足底水，以利及时移植成活。遮阳网忌一盖到底或盖得太严，避免出现弱苗。移植成活后，拆除荫棚，同时注意浇水、施肥、除草和病虫防治。

(2)合理密植　花椰菜叶面积的大小与花球大小有密切的关系，不同品种的株丛高度和开展度差异很大，应根据品种和栽培季节确定合理的种植密度。其生长期较长，株间可间作青菜，但共生期不能超过30～40天。

(3)加强田间管理　一般定植至封行前中耕、除草1～2次，并结合培土，应清沟排除积水。当小花球露出心叶时，为防止阳光直射变黄、霜害后呈紫色，保持花球白嫩品质，应及时做好盖花工作。可从植株上摘取老叶盖花球或折近花球1～2片大叶盖花球，如盖叶干枯需另行调换，做到勤检查、勤遮盖；也可采用束叶法，即用绳子等将几片叶子束起来盖住花球，提高品质。

夏季栽培还应注意浇水降温，保持土壤湿润，浇水宜在清晨或傍晚进行，不漫浇，及时排水，以免沤根。

加强肥水管理，定植前施足基肥；苗期薄肥勤施，生长期需追肥3～5次，每隔10天施1次；在花球形成前10天和花球开始形成时各重追肥1次，以促进叶丛的生长；心叶开始拧扭不露心时追施2次速效氮肥，同时可施入适量的钾肥或草木灰，促进花球肥大。追肥时可结合病虫害防治。

(4)及时采收　夏季栽培的品种花球形成约需30天左右。花球的成熟在植株个体间很不一致，应及时分期采收。采收标准是花球充分长大，表面圆整，边缘尚未散开。9—10月成熟的夏季花椰菜，需隔天采收，若过迟采收，则花球表面凹凸不平，色泛黄而影响品质。

3. 夏季青花菜的栽培关键技术

(1)选择良种、合理播种　选择适合本地种植品种、合理安排播期，是决定夏播青花菜栽培是否高产的关键。选择早中熟、抗病性强、产量高的优良品种。

夏播青花菜播种时，正处于晴热少雨、伏旱和台风季节，为确保育苗成功，宜选用营养钵育苗，每亩备足营养钵3000个。选土壤肥沃、疏松、无杂草的田块作苗床。并于制钵前3～5天施足基肥，翻倒、搅细、拌匀。制钵后浇足水，每钵播1粒种子。播种后及时盖土，做到不露籽。盖土后可用麦草覆盖保湿，再用500倍多菌灵喷洒消毒，使钵内细土吃足水分。齐苗后揭掉麦草。

(2)培育壮苗、适时定植　夏季温度高、光照强，宜在齐苗后用遮阳网覆盖防烈日，雨天则盖薄膜防雨淋，并疏通苗床四周沟渠。视天气浇水，一般晴天在傍晚洒水1次，长到2～3片真叶时每天早晨或傍晚浇1次水，做到日盖夜露。

苗龄达25～30天、真叶5～6片时即可移栽至大田。移栽前大田施足基肥，根据品种特性合理安排种植密度，一般按行距70～75厘米、株距32～40厘米栽植，每亩约2000～

3000株。移栽后要浇水护苗，成活后适当控水。

(3)合理肥水管理　追肥以氮肥为主，进入花球期后增施磷、钾肥，促进花球生长。生长前期追肥2～3次；花球形成期需大肥大湿，促进花蕾快速生长，每亩施复合肥25～30千克，离茎基部15～20厘米处开沟灌水施入，施后扒土覆盖。生长后期需水量较大，遇干旱时傍晚要浇水，保持土壤湿润。遇到台风暴雨，要及时清沟排水。

(4)及时防治病虫害、适时采收　夏季多发病虫害，常见病虫害及防治方法同前所述。

当青花菜花球充分膨大、花蕾尚未开放时，及时分批采收(江南地区一般于11月上中旬采收)，采收时间以上午9点前、下午4点后为宜，采收时将花球下部肥嫩花茎一起割下，及时冷藏。

第四章　芥菜类蔬菜(榨菜、雪里蕻)的栽培

问题 34　如何合理选用芥菜类蔬菜品种?

1. 榨菜品种的选用

榨菜,即茎瘤芥,是茎用芥菜的一个变种,食用部位为其膨大的肉质茎。根据产区的生态条件特别是温度条件,榨菜主要可分为两个栽培类型,一是春榨菜,主产区有浙江北部的桐乡、海宁和浙江东部的余姚、上虞等地,另一个是冬榨菜,主产区为四川、重庆、浙江温州等地。

浙江省的春榨菜品种一般在 9 月下旬—10 月上旬播种,翌年 4 月上中旬采收。半碎叶,叶片较多,茎瘤略小,一般重 200～300 克,品种冬性较强,需要相对较低的温度和较长的时间才能通过春化。浙江省目前主栽品种有'缩头种'、'浙桐 1 号'、'甬榨 2 号'、'余缩 1 号'、'潮丰 1 号'、'浙丰 3 号'等,均为常规品种。

重庆、四川榨菜品种大多数为冬榨菜,播种期较早,春

节前后就已经采收。叶形板叶，叶少，茎瘤大而圆钝，瘤状茎重 0.5～1.0 千克，比春榨菜品种瘤状茎要大。品种的冬性相对较弱，在相对较高的温度下，短时间内就能通过春化而抽薹开花。四川、重庆目前主栽品种有'涪丰 14'、'永安小叶'、'涪杂 1 号'、'涪杂 2 号'、'涪杂 3 号'、'涪杂 4 号'、'涪杂 5 号'、'涪杂 7 号'等，包含常规品种和杂交品种。浙江温州的冬榨菜主栽品种以'瑞安香螺种'为主。

春榨菜多种植于浙江滨海平原，特别是余姚一带。冬榨菜多种植于长江两岸海拔 500 米以下的山地、丘陵地带。由于不同生态类型的茎瘤芥品种特性不同，采取的栽培模式也不同，各地应因地制宜合理选择。实践证明，不同生态型的榨菜引种不易成功，如重庆、四川的榨菜品种，尤其是早熟品种，引种到浙江北部、东部作为春榨菜种植，容易发生先期抽薹。因此，引种时要考虑两地在榨菜实际生长期间的气候条件是否相似，要先进行引种试验，待成功后再大面积推广。

2. 雪里蕻品种的选用

雪里蕻又称雪菜，即分蘖芥，是芥菜类蔬菜中叶用芥菜的一个变种，以食用叶柄和叶片为主，含有丰富的维生素。雪里蕻性喜冷凉，生长适温为 15～20℃，高温条件下纤维增多，品质下降，在阳光充足条件下生长良好，低温长日照有利于其花芽分化和抽薹开花。雪里蕻较耐贫瘠，但在肥水充沛的沙壤土上产量增高。在我国长江流域普遍栽培，以春秋两季为主，可分为春雪里蕻和秋冬雪里蕻。

雪里蕻选种时应选用叶少、茎多、抗病、产量高的优质品种。春雪里蕻还应注意选用分蘖力强、长势旺、耐低温、抽薹晚的中晚熟良种。浙江宁波著名的优良品种,'细叶黄种'和'鸡冠种'是比较有代表性的春雪里蕻品种。秋冬雪里蕻还应注意选择适当的耐高温、耐病毒的早熟品种,代表品种有'九头鸟'和'花叶雪里蕻'等。

问题35 如何确定芥菜类蔬菜适宜的播种期?

1. 榨菜适宜的播种期

榨菜属于喜冷凉的蔬菜作物,由于各地栽培的大田条件、小气候特点、蚜虫种类等的不同,以及品种的不同,其播种期也有一定差异。在播种期确定上主要应考虑3个因素:

(1)尽可能避开蚜虫高发期,以减轻育苗期间防治蚜虫和病毒病的压力。

(2)结合前作的生育期,尽量避免苗等田的情况。

(3)根据品种特性和生产区气候条件选择合适播种期,在同一榨菜生产区,早熟品种的播种期应该较中熟品种适当推迟播种。在不同生产区,同一品种的播种期也有所不同,例如,在浙北的桐乡、海宁等地,春榨菜一般在10月5日前后播种,而在余姚、慈溪等地则在9月底播种。

对于同一品种,不同播种期对榨菜的株型、加工性状和产量都有影响。榨菜具有喜好冷凉湿润气候条件的特性,播种期不同,瘤状茎性状变化很大。同一材料正常播种收获的瘤状茎加工品质明显优于早播或迟播者,对以加工为目的的栽培至关重要。播种不当不利于瘤茎正常膨大。选

择适宜的播种期是充分利用自然条件,发挥品种增产潜力的重要措施,也是引种栽培成败的关键。

春榨菜传统的栽培方式是:每年的9月底—10月初播种育苗,11月上旬移栽,翌年4月上旬收获;冬榨菜播种较春榨菜早,于春节前后就要采收。

2. 雪里蕻适宜的播种期

应选择温、光、湿条件适宜的时期播种,雪里蕻分为春雪里蕻和秋冬雪里蕻。春雪里蕻一般在9月下旬播种、定植,第2年春季收获;冬雪里蕻一般在8月下旬播种、定植,11月下旬至12月初收获。

问题36　栽培芥菜类蔬菜如何进行施肥?

1. 榨菜合理施肥

榨菜属高肥水作物,肥水管理的好坏直接决定产量高低。在施肥方法上要合理增施氮、磷、钾肥。一般基苗肥中以磷、钾肥用量大于氮肥用量为好,基苗肥中纯氮用量占总量的25%左右;中期氮肥用量要大于磷钾肥,后期少施速效氮肥。在采收前15天应停止施肥,否则易使榨菜植株过度生长,加剧瘤状茎空心。

春榨菜的施肥方法可参考以下做法:

(1)施足基肥　在定植前,可施用腐熟畜粪、过磷酸钙、碳酸氢铵、氯化钾、硼砂等。

(2)适施提苗肥　定植后一般需要施点根肥,通常采用充分腐熟的稀薄人粪尿。在缓苗后可根据情况再施2～3次追肥，仍以稀薄人粪尿为主。

(3)适施腊肥　越冬前(12月下旬—1月上旬)适施腊肥。腊肥通常是腐熟的垃圾，最好是腐熟的栏肥和草木灰。

(4)巧施膨大肥　2月上旬榨菜植株恢复生长前，适当追肥以促进叶片生长，为瘤状茎的快速膨大奠定基础。一般可用尿素、氯化钾，也可用人粪尿追肥。2月下旬—3月上旬适当追施化肥，此次的施肥量与2月上旬的量相当(不宜用粪肥)。

另根据研究结果，只施用化肥的情况下可参考以下施肥方案：

(1)推荐施肥　基肥：施复合肥40千克/亩，翻耕时施入；苗肥：移栽后施尿素4～5千克/亩加水浇施，促进还苗；腊肥为1月下旬，施碳酸铵25千克/亩，加过磷酸钙20千克/亩，氯化钾5千克/亩，加水浇施；重肥为2月下旬施，要求氮、钾共施，尿素25千克/亩，氯化钾12.5千克/亩，隔7天视生长情况适施尿素与氯化钾促平衡，即尿素5千克/亩加氯化钾7.5千克/亩。收获前30天停止施肥。

(2)常规施肥　基肥施复合肥40千克/亩；苗肥为移栽后施过磷酸钙45千克/亩，碳酸铵50千克/亩，加水浇施；腊肥用复合肥35千克/亩撒施；重肥为施尿素45千克/亩，加水浇施。

冬榨菜的生长期较短，需肥量较春榨菜少，但要求施肥及时，以满足其生长发育的需要。在施肥上，要施足底肥，薄施勤施追肥。

2. 雪里蕻合理施肥

春雪里蕻的施肥原则一般是施足基肥，冬抑春促。春雪里蕻大田生长期及越冬期较长，冬季要适当抑制发棵，以免先期抽薹，春后再促早发，以防冻害。定植后，可用清粪水浇1～2次，以利活棵；活棵后追施1次提苗肥，立春后天气转暖，早施肥、早促发，一般3～4次。

秋冬雪里蕻，在施足基肥(用量同春雪里蕻)的基础上，追肥要掌握由稀到浓的原则。一般要追肥3～4次，每隔7～10天施1次。

由于雪里蕻一般作腌制加工蔬菜用，所以不能偏施氮肥，适量施用磷钾肥能有效降低雪里蕻硝酸盐含量，同时对雪里蕻产量提高具有一定作用。收获前半个月停止追肥，保证蔬菜应有的干物质含量，有利于加工。

问题37　如何确定芥菜类蔬菜适宜的采收期？

1. 榨菜适宜的采收期

春榨菜一般在2月上旬开始膨大，并于3月中旬进入快速膨大期，4月初开始显蕾、抽薹。冬榨菜一般于春节前后采收。瘤状茎采收时间的早晚不仅影响到瘤状茎产量，而且对瘤状茎质量和品质(主要是空心和长形瘤状茎)有相当大的影响。春榨菜在浙北和浙东地区通常在清明节前后、约50%的植株开始现蕾时为最佳采收期，当叶片绿里显黄、瘤茎呈黄绿色时即可收获。榨菜采收期一般雨水较多，应尽可能避免在雨天采收。

也可根据植株功能叶而定(心叶前3～5叶),当功能叶开始发黄时是收获最佳时期;对田间长势旺盛的田块,其收获期可依心叶长相而定,当心叶开始向上抽时是最佳收获期。

2. 雪里蕻适宜的采收期

春雪里蕻,一般于3月下旬到4月上旬植株抽薹前采收。当雪里蕻从营养生长转为生殖生长时,每株出现30%的抽薹,薹长度5～10厘米时就可以采收。择大株分批采收。

冬雪里蕻蔬菜生长期较短,除30天左右秧龄外,在大田的生长期一般只有60天,一般不抽薹,多在12月小雪节气前后采收。

应严格把握采收时间,若过早采收会影响产量,若过晚采收,菜茎开始木质化生长,影响品质。

问题38 如何防止芥菜类蔬菜的“先期抽薹”现象?

在生产实践中,芥菜类蔬菜尤其是榨菜容易发生“先期抽薹”现象,在下列情况下特别容易产生:

(1)播种过早,在较高温度下,幼苗生长速度快,苗期易遇低温春化而容易发生先期抽薹。例如,在高海拔地区(800米左右)早熟栽培的榨菜在育苗期间光照时间较长,温度却较低,容易满足榨菜苗期通过春化的条件。

(2)肥水条件不好,地瘦、管理水平低,则抽薹早。

(3)引种不当,如重庆、四川的冬榨菜品种,尤其是早熟

品种，引种到浙江北部、东部作为春榨菜种植，容易发生先期抽薹。

(4)在直播栽培情况下，瘤状茎较常规育苗移栽略长，会由于瘤状茎偏长而发生先期抽薹问题。

相应地，防止芥菜类蔬菜先期抽薹的措施有以下几点：

(1)根据当地的气候条件及栽培时间和栽培环境，选择合适的耐抽薹的榨菜品种，不可盲目引种；在直播栽培情况下，宜选择瘤状茎为扁圆形(茎形指数较小)的品种。

(2)适当迟播：可以避开或缩短对榨菜生长不利的高温伏旱天气，有利于植株先期抽薹的控制。在高海拔地区作为早熟栽培的，一定要采取覆盖育苗，其方法是在菜苗具2片真叶时，用遮光率95%以上的遮阳网于每天中午覆盖3～4小时，直至苗期结束。

(3)田间管理：肥水供应要充足，防止榨菜生长缺乏营养。

问题39　如何防止榨菜(茎瘤芥)的"空心"现象?

榨菜的"空心"现象首先在不同品种中有差异，浙江省余姚、慈溪、鄞州一带主栽的春榨菜品种茎瘤小，不易空心。例如'萧山缩头种'、'甬榨2号'、'余缩1号'、'甬榨1号'等。而四川、重庆的冬榨菜茎瘤大，容易空心。其次，以下因素也会引起榨菜的"空心"现象：

(1)采收前追肥，导致榨菜过度生长引起或加剧瘤状茎空心。

(2)在施肥过程中,过量使用尿素会增加空心概率。

(3)种植密度太低,导致瘤茎个体偏大而出现空心。

(4)采收过迟、生长期延长也易造成空心。

要防止榨菜的“空心”现象,可采取以下措施:

(1)要选择空心率低的优良品种。

(2)采收前20天左右停止追肥,并做好排水工作防止植株过度生长。

(3)在施肥过程中,注意要增施有机肥和磷钾肥,控制尿素用量。

(4)合理密植,防止密度太低导致瘤茎个体偏大。

(5)适时采收。

问题40　江南地区秋冬季芥菜类蔬菜的栽培关键技术有哪些?

1. 秋冬季榨菜栽培关键技术

(1)品种选择及栽培环境要求　选用优质、高产、抗病品种。最好具备稳产性好、耐肥性好、抗性好、商品性好等农艺特性。榨菜适于冷凉湿润的条件。幼苗生长的最适温度为20～26℃,叶生长的最适温度为15℃左右,茎膨大最适温度为8～13℃,降雨量为90～100毫米,空气相对湿度80%以上有利于茎膨大。前期温度过高易发生先期抽薹,苗期气温较低,雨水较多,可减轻病毒病的发生。

(2)播种适期　江南地区一般于9月上旬至中旬播种。播种过早,气温高,蚜虫多,容易诱发病毒病;播种过迟,越

冬期易受冻,产量低。但也要根据当年气候变化趋势灵活掌握播种期,如果当年播种季节遇到连续晴天高温天气,应适时晚播;如果当年播种季节气候冷凉,气温变化较为平稳,可适时早播。

(3)培育壮苗　选择疏松肥沃、保水保肥性强、灌溉方便,且远离其他十字花科蔬菜种植的地块育苗,以减少病毒病的感染概率。要求施足基肥,一般整畦前需施入有机肥和过磷酸钙,整畦后再施入腐熟人粪尿作面肥。播种宜在阴天或晴天的傍晚进行,播种量根据品种而定,做到细播匀播,可将种子与湿润的草木灰混合均匀再播。最好以大棚或小拱棚形式用20～30目的白色或银灰色防虫网全程覆盖,也可用遮阳网覆盖育苗,以达到防蚜虫和病毒病的目的。

整个苗期一般需间苗2～3次,每次间苗后及时施薄肥,并视天气情况进行浇水保湿;苗期需防治蚜虫、烟粉虱等害虫3次,药剂可选用吡虫啉系列、啶虫脒等。

(4)及时移栽　苗龄一般控制在35～40天,5～6片真叶时定植大田,一般在10月底开始移栽至11月上旬结束,移栽前结合耕翻地,施优质灰杂肥或人畜粪、磷肥、氯化钾。株行距20～25厘米。如起苗时天气偏旱,则须提前浇水湿润,以便起苗时带土护根,随起随栽。移栽宜在阴天或晴天下午进行,切忌在雨天或雨后土壤湿度过大的情况下移栽。栽后随即浇足定根水,以利成活。

(5)移栽后的大田管理

①肥料:通常除基肥外定植后一般追肥3次,以“增施基肥、早施提苗肥、重施中期肥、看苗补施后期肥”为原则,以

有机肥为主,氮、磷、钾肥配合施用,控制尿素用量,否则会增加榨菜空心率。定植成活后至第1叶环形成追第1次肥,促壮;第2、3叶环生长时追第2次肥,一般用碳酸铵或尿素加磷肥,或施有机肥加速效肥以保温防冻;茎快速膨大时追第3次肥,此期为瘤茎迅速膨大期,需肥需水量大,应重施,例如每亩施尿素约20千克、钾肥5～10千克。施肥不能过迟,离收获前半个月左右为界。

②水分:秋旱严重的年份,移栽期和移栽后应浇水抗旱,促进根系生长和植株发育,遇雨水较多时,应做好防涝降湿工作。

③病虫害防治:病毒病是榨菜的主要病害,其主要传病媒介是蚜虫,土壤和种子不传病。移栽后发现蚜虫要及时防治,可用菊酯类农药或蚜青灵防治。

(6)适时采收　当榨菜生长发育达到“冒顶”阶段,即用手分开2～3片心叶能见淡绿色花蕾的时期,也即现蕾期,表明瘤茎已充分成熟,为最适采收期。若采收过早则产量低,偏嫩,腌制品质差;若采收过迟则易造成空心、组织老化、纤维增多。

2. 秋冬季雪里蕻栽培关键技术

(1)采用轮作　避免和十字花科蔬菜连作,以减少雪里蕻病毒病的毒源。

(2)品种选择　要因地制宜,选用抗高温、抗病毒病的早熟品种。

(3)适时播种、隔离育苗　冬雪里蕻在江南地区的播种期以8月下旬到9月初为宜,便于避开高温,减轻病毒病的

危害,适当迟播。但应因地制宜,视各地不同的气候条件、不同茬口、不同雪里蕻品种而有所差异。选择土壤肥沃、排灌方便的地块作为苗床,可在播种期施入腐熟有机肥,播种前一天,苗床要浇足底水,播后覆遮阳网,以保湿降温并防雷阵雨冲刷,以利出苗。出苗后要及时搭好拱棚,覆盖银灰色防虫网隔离育苗,以预防蚜虫,减轻病毒危害。

在贵州遵义地区,还有农业工作者采用了烤烟漂浮育苗技术育苗,与常规的播撒育苗相比,漂浮育苗的优点是出苗整齐、苗壮、无病虫害、根系发达,移栽时将基质一起取出带土移栽,不出现缓苗期,后期生长迅速,为获得高产优质提供了保证。具体做法如下:

苗床地选择在水源方便、背风向阳、无污染的田块内进行。苗床长 15 米、宽 1 米,四周起 14 厘米高的埂,底部整理成水平底,上铺塑料膜,膜的四周高出埂面,再用泥田压紧,作为一个标准厢。厢内注 18 厘米深的无污染的清水,每个标准厢第一次投标准营养料 500 克,然后用竹片起拱 50 厘米高,上盖无纺布。播种时,先在漂浮育苗盘内装 15 厘米厚的烤烟漂浮育苗标准机质,每穴播一粒种子,再盖 18 厘米厚的基质,装完后将漂浮盘放入厢内,保证盘与盘之间相对连接,不留空,以避免阳光直射入水底而产生青苔,耗费营养液。育苗期间加强水肥管理,厢内不得漏水,当幼苗长至 3 叶 1 心时,每标准厢第 2 次加入 500 克的营养料,当苗长到 5～6 片真叶时,揭去无纺布,将漂盘移出水面练苗 2 天,再放入厢内放置 1 天,就可移栽大田。

(4)适时定植、合理密植　秋冬季雪里蕻移栽时间多在

9月下旬，苗龄一般不超过25～30天。定植时间最好选择在晴天下午3时以后或阴天进行，并采用带土移栽。在移栽前一天，可喷施农药，做到带药“出嫁”，同时将苗床浇透水，使苗床软化，便于在起苗时用菜刀在苗床上划块，使根系带土。

秋冬季雪里蕻蔬菜移栽时的行株距一般比春菜要密一些。但实践表明，合理降低种植密度，可以使分蘖增多，减少植株倒伏，相应增加产量，提高品质。

(5)加强田间管理　秋冬季雪里蕻蔬菜定植后要早晚浇水，有条件的可在畦面加盖遮阳网，以利成活。生长前期，即雪里蕻蔬菜定植后15天内，如天气干旱，应在傍晚及时在畦沟中灌水。定植活棵后要及时追肥，在施足基肥的基础上，追肥要掌握由稀到浓的原则。一般要追肥3～4次，每隔7～10天施1次。在雪里蕻营养生长的旺盛期，应重施，收获前因雪里蕻已全面覆盖田间，根部施肥不易进行，最后一次追肥可采用叶面喷施高效叶面肥，以提高产量、改善品质。

(6)及时防治病虫害、中耕除草　秋冬季雪里蕻生长期，正值秋季高温季节，是各种病虫害易发生的时期。防治的重点是虫害和病毒病，虫害主要为蚜虫、菜青虫。

在病毒病发病初期，可用植病灵、病毒A等防治，发病重时，可交替使用3～4次，隔6～7天用1次；蚜虫、菜青虫，可用吡虫啉和快杀冥等农药喷雾防治。同时，通过治蚜和其他农业综合防治措施可以有效地预防病毒病的发生。

雪里蕻定植成活后，要进行中耕除草1～2次，喷施精稳

杀得可防禾本科杂草。

(7)适时收获　秋冬季雪里蕻生长期较短,除30天左右秧龄外,在大田的生长期一般只有60天,多在小雪节气前后采收。可择大株分批采收,分批加工。

问题41　江南地区春季芥菜类蔬菜的栽培关键技术有哪些?

1. 春季榨菜栽培关键技术

(1)品种选择　选用当地推广品种。如在浙江省可选择'桐农4号'、'余缩1号'、'潮丰1号'、'桐农1号','甬榨2号'、'缩头种'等。

(2)播种及苗期管理　春榨菜播种育苗工作主要是加强肥水管理,并突出抓好蚜虫、蓟马、粉虱等刺吸式害虫防治,防止中后期病毒病的发生。

① 播种期选择:早熟品种应该较中熟品种,适当迟播种,一般在10月初播种。

② 播前苗床准备:苗床要求选择前两茬未种过白菜、萝卜、芥菜等十字花科蔬菜,土壤疏松肥沃,排灌方便,土壤高燥,通风良好的地块。播种前3～4天可施充分发酵的土杂肥、过磷酸钙和草木灰,然后翻耕土壤,整平耙细,做成沟高畦。若播种时高温干旱,则耕地前应灌水。播种后轻轻压实土壤,并适当覆盖细土,播种后苗床覆盖遮阳网2～3天。

③ 苗期管理:播后约7～10天,两片子叶展开后,及时喷施一次药剂防虫害及促苗生长。为防止病毒病,提倡用

防虫网育苗。

(3)及时定植,合理密植　春榨菜定植环节主要是抓好定植密度,定植密度每亩达11000苗以上,防止因密度太低而瘤茎个体偏大出现空心现象,以及密度低而造成产量低等问题。

定植时间约在11月中下旬,定植前1～2天大田施足基肥,可施腐熟有机、硫酸钾复合肥和硼砂,施肥前大田水分要充足,如大田干燥要在定植前3～5天灌跑马水,施肥后及时翻耕作畦,及时定植。定植选择阴雨天进行,并避免强冷空气天气。

(4)大田管理　大田管理环节重点是做好前、中期的肥水管理及抓好病毒病传播害虫的防治。

①肥水管理:移栽后及时施好定根肥或还苗肥,可以用尿素加水浇施,或用磷肥加碳酸铵冲水浇施。第2次施肥为冬施腊肥,时间在1月上、中旬,可用碳酸铵拌磷肥发酵后撒施,或用有机肥(棉籽饼)发酵后撒施,或三元复合肥或者复合肥等,根据不同土壤情况酌情施入。第3次施重肥,约在2月下旬至3月初,可用尿素加氯化钾加水浇施。为了省工,可以在雨天撒施,用尿素加钾肥浇施。第4次施肥主要是对生长势弱、发育迟缓的秧苗补施速效氮肥。

②病虫害防治:定植后约10～12天,大田第一次喷药防虫害,配方可参考:艾美乐＋阿维菌素＋锐劲特＋481;定植后25～30天,进行第二次喷药防病虫,配方可参照:艾美乐7000倍＋阿维菌素1500倍＋大生800倍＋481;开春后2月中、下旬可用多菌灵(700倍)再喷施一次。

病毒病仍然是春季榨菜栽培的主要病害,同样通过蚜虫传播,因此,在育苗期和定植后一定要彻底防治蚜虫。在栽培上可以实行水旱轮作,并且不与其他十字花科类蔬菜连作或混作,可与葱蒜类蔬菜间作。同时,增施磷钾肥料,增强植株抗性,对减轻病毒病的为害也有一定的效果。在冬季低温干燥时实行小水勤灌也是一条很有效的措施。近年来,烟粉虱的危害有加重趋势,其防治药剂可选用20%啶虫脒乳油3000倍,同时,农药使用时要不同药剂交替使用,并禁用高毒残留农药。

(5)适时采收　适宜采收时间为3月下旬至4月上旬,约50%榨菜植株开始现蕾时为最佳采收期。

2. 春季雪里蕻栽培关键技术

(1)品种和地块选择　选择适合本地栽培的分蘖力强、长势旺、耐低温的优质、抗病、高产品种。选择地势平坦、土壤肥沃、排灌方便、保水保肥好、阳光充足的地块,2～3年未种过十字花科蔬菜的中性或微酸性沙性土壤为宜。

(2)播种和育苗　苗床可提前施腐熟有机肥、过磷酸钙等增强肥力,苗床地注意每年轮换。春雪里蕻一般于9月下旬到10月中旬播种,播种量视品种特性而定。在晴天干旱天气,出苗前要每天浇水,出苗后浇2～3次尿素。1叶1心与3叶1心时各间苗1次,注意防治蚜虫。

(3)整地定植　整地时施入基肥,开沟作畦,畦宽1.2～1.5米,沟宽0.2米,施入腐熟厩肥、复合肥。秧龄30～40天、5～6叶时,即10月下旬至11月上旬定植。行距一般为35～38厘米,株距25～35厘米,每亩定植4000～5000株。

移栽时稍深，防止伤根，带土移栽；定植后浇活棵水，可用清粪水浇1～2次，以利及时成活。定植后1周，查苗补缺。

（4）大田管理　定植后肥水调控宜遵照冬抑春促的原则。春雪里蕻大田生长期及越冬期较长，冬季要适当抑制发棵，以免先期抽薹，春后再促早发，以防冻害。活棵后追施1次提苗肥，立春后天气转暖，早施肥早促发，一般3～4次。例如可在定植后20天，每亩追施硫酸钾10千克、尿素15千克，以后每隔15～20天每亩追施尿素7.5千克，采收前15天左右停止追肥，如土壤干燥，要及时浇水。

（5）病虫害防治和除草　雪里蕻的主要病害有病毒病、根肿病、霜霉病、菌核病、黑斑病、软腐病，主要虫害有蚜虫、小猿叶虫、菜青虫、小菜蛾、黄条跳甲、地老虎。贯彻"预防为主，综合防治"的植保方针，推广以"农业防治和生物制剂控制为主，减少化学防治，提倡物理防治"的无公害化治理原则。化学防治方法同其他十字花科蔬菜。

（6）适时收获　春雪里蕻一般于3月下旬至4月上旬抽薹前收割。过早收割会影响产量，过迟收割会影响质量。

第五章 萝卜的栽培

问题 42 如何合理选用萝卜品种？

萝卜在我国是栽培历史悠久的大众化蔬菜，至今已有2700多年的历史。据不完全统计，2003年全国播种面积为121.89万亩，仅次于大白菜(269.93万亩)。种植面积不断扩大，产量也在逐年提高。长期的实践证实，萝卜营养成分全面，许多成分如芦菔巴碱、莱菔子素、糖化酶和淀粉酶等具有促进人体健康的作用。多年来，我国民间就有“十月萝卜赛人参”、“萝卜进城，药铺关门”和“冬吃萝卜夏吃姜，不用医生开药方”等谚语。近10多年来，萝卜产品的出口量在出口蔬菜中位居前列，由此大大提高了单位面积效益和农民种植萝卜的积极性。

萝卜的根系较浅，小型萝卜的主根深约60～150厘米，直径60～100厘米。因此，宜选择土壤深厚、富含有机质、保水保肥力强、排水容易的土壤栽种。从外部形态性上看，萝卜的肉质直根可以分为根头部(顶部)、根颈部和根部(真根)三部分。在功能上构成一个整体,是贮藏养料的器官,其形状有圆、扁圆、圆锥、圆筒等形。根色有白、粉红、紫红、青绿、橘红、黄等色。芜菁甘蓝和根用芥菜的肥大部分为根头和根颈部分,而萝卜主要是根颈部和根部(见图 5-1)。

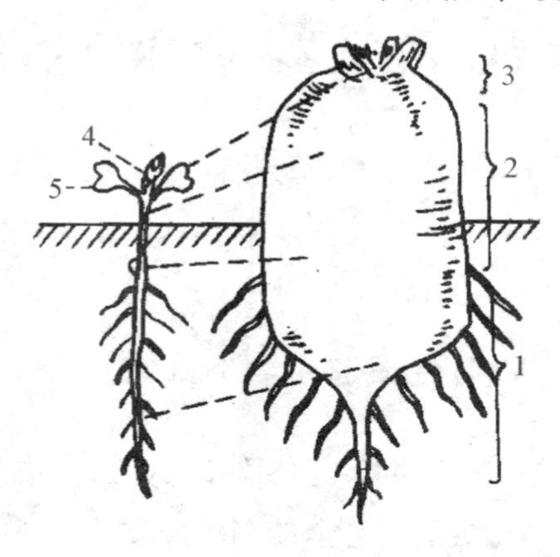

图 5-1　萝卜的肉质根

1. 根;2. 根颈;3. 根头部;4. 第 1 真叶;5. 子叶

我国是萝卜的初生起源中心,具有十分丰富的品种类型,任何区域和季节都有可供选择的地方品种,如红皮白肉类型的有'五月红'、'小半夏'、'春红 1 号'和'春红 2 号'等;白萝卜类型的有'春萝 1 号'、'四缨子'、'江热萝卜'和'浙大长萝卜'等;绿皮绿肉类型的有'炼丝萝卜'等等。

各地根据消费习惯选择适销品种,如西北市场喜食青头类型的萝卜,宜选择青头萝卜品种;而南方食用长白类型的萝卜,宜选用条形均匀,无青头的白萝卜类型品种。

根据播种季节的不同选择不同属性的品种。春季早播选用早熟耐抽苔、低温生长速度快的品种,如‘早光’、‘将军’、‘天鸿早春’,晚播选用商品性好、抗病高产、综合性状优良的品种,如‘天鸿春’、‘春雪莲’、‘汉白玉’、‘天鸿锦玉’、‘春和田’、‘碧玉’等品种。

通常萝卜以膨大的肉质根供食用,而叶用萝卜是指专食用其叶部的一类萝卜,其根部很小;叶片表面无茸毛,倒长卵或匙形,叶缘波状或有缺刻。

叶用萝卜具有耐热、耐湿、生长强健等特性,全年均能栽培生产。一般播后20～25天,植株有6～7片真叶,株高24～28厘米,即可采收。因其病虫害较少,适合夏季有机栽培,目前在日本和中国台湾已有较大面积推广种植,其栽培措施与速生白菜的栽培基本相同。我国当前叶用萝卜品种多从日本引进,如‘美绿’、‘绿津’和‘翠津’等。叶用萝卜的食用方法多样,可做蔬菜色拉,亦可凉拌,或煮食或炒食,还可以加工成萝卜汁、萝卜叶蛋花汤、萝卜叶炒肉丝等。

问题43 如何确定萝卜适宜的播种期?

由于受不同地区环境气候等因素的影响,萝卜的播种期各地都有不同(表5-1)。播种前,应严格检查种子质量。大中型萝卜品种点播,每亩用量0.5千克左右;小型品种撒播或条播,每亩用种0.8～1千克。点播时每穴播3～4粒,以防缺苗,撒播时要均匀撒开,播后要保持土壤湿润,一周左右可出苗。为防止抽薹,播种时稍深埋,尽量使株间苗齐均匀。合理密植。根据播种期、收获期选择品种及间距。6

月下旬至 7 月中旬播种，9 月收获，选择叶少的品种，按 66 厘米×24（或 22）厘米的行株距，每亩栽 4200～4600 株。7 月中旬至 8 月上旬播种，9 月下旬至 10 月收获，选用叶子稍茂盛的品种，以 66×22（或 20）厘米的行株距，每亩栽 4600 棵以上为佳。

表 5-1　主要地区萝卜的栽培季节

地 区	萝卜类型	播种期（月、旬）	生长日数（天）	收获期（月、旬）
上海	春夏萝卜	2 中—3 下	50～60	4 上—6 上
	夏秋萝卜	7 上—8 上	50～70	8 下—10 中
	秋冬萝卜	8 中—9 中	70～100	10 下—11 上
杭州	冬春萝卜	9 下—10 上	90～120	12—3
	夏秋萝卜	7 上—8 上	50～60	8 下—10 上
	秋冬萝卜	9 上	70～80	11—12
南京	春夏萝卜	2 中—4 上	50～60	4 下—6 上
	夏秋萝卜	7 上—7 下	50～70	9 上—10 上
	秋冬萝卜	8 中—9 中	70～100	11 上—11 下
武汉	春夏萝卜	2 上—4 上	50～60	4 下—6 上
	夏秋萝卜	7 上	50～70	8 下—10 上
	秋冬萝卜	8 中—9 上	70～100	11 上—12 下
重庆	冬春萝卜	10 下—11 中	100～110	2 中—3
	夏秋萝卜	7 下—8 上	50～70	9 中—10 上
	秋冬萝卜	8 上—9 上	90～100	11—1
贵阳	冬春萝卜	9 中	120	2 中下
	夏秋萝卜	5—7	50～80	6 下—9
	秋冬萝卜	8 中—9 上	90～110	11 中—12

续表

地 区	萝卜类型	播种期(月、旬)	生长日数(天)	收获期(月、旬)
长沙	冬春萝卜	9—10上	140	2—3
	夏秋萝卜	7—8	40	8中—10
	秋冬萝卜	8下—9	100	11—1
南宁	冬春萝卜	10下—11中	90～100	2上—3下
	夏秋萝卜	7下—8上	70～80	9下—10下
	秋冬萝卜	8下—9中	70～90	11上—12中
广州	冬春萝卜	10—12	90～100	1—3
	夏秋萝卜	5—7	50～60	7—9
	秋冬萝卜	8—10	60～90	11—12

(摘自:浙江农业大学.蔬菜栽培学各论(南方本).第二版.北京:中国农业出版社,1985)

问题36 栽培萝卜如何进行施肥?

萝卜是根菜类蔬菜,以肥大的肉质根供人们食用。研究结果表明,每生产1000千克萝卜,需从土壤中吸收氮肥2.1～3.1千克、磷肥0.8～0.9千克、钾肥3.8～5.6千克。三者比例为1∶0.2∶0.8,可见,萝卜是喜钾作物。在不同生育期对氮、磷、钾需求量差别很大,一般幼苗期需氮较多,磷、钾的需求量较少;进入肉质根膨大前期,植株对钾的需求量显著增加,其次为氮、钾,到了肉质根膨大盛期是养分需求高峰期,此期需求的氮占全生育期需氮量的77.3%,需磷量占总需磷量的82.9%,需钾量占总需钾量的76.6%。因此,保证这一时期的营养充足是萝卜丰产的关键。

1. 整地施肥

一般应选择沙壤土或壤土种植。前茬如水稻、大豆、蔬菜等前作收获后，应及时清理田园，翻耕晒垡。大型品种要耕深25厘米以上，中、小型品种可稍浅些。整地要达到高畦，深沟，土壤上下疏松，适度造墒。为防止叶子过分繁茂产生弯曲和病害，栽培中以追肥为主、不施基肥。为防治病虫，栽培萝卜时不使用堆肥。

2. 追肥浇水

正确的施用肥水能使地上部与地下部生长平衡，是获得萝卜高品质、高产量的关键。在管理中，前期应促使叶片和吸收根的健壮生长，为后期肉质根膨大奠定物质基础。在萝卜肉质根开始膨大期即破肚以后，可结合浇水施入经过腐熟的人粪尿或沼液，并增施磷、钾肥，促进营养物质的转运和积累。但是当叶片生长到一定程度时，又必须加以控制，促使养分及时转运到贮藏器官。肉质根迅速膨大时期，必须保证叶片有较长的寿命和较强的生活力，使之制造更多的营养物质，保证肉质根的膨大。

施肥技术要点：①基肥一般每亩施腐熟有机肥2000千克以上，并结合施用磷、钾化肥。②在前期适当追肥的基础上，当萝卜破肚时，结合灌溉每亩施尿素8～10千克。氮肥施用不宜过多、过晚，应尽量在萝卜膨大盛期前施用，如果施用过多或过晚，易使肉质根破裂或产生苦味，影响萝卜的品质。在萝卜膨大盛期还需要增施钾肥。此外，还应注意养分的平衡。据报道，施用三元复混肥比单施尿素可使萝卜增产，并能改善其品质。

问题45　如何确定萝卜适宜的采收期与茬口安排？

萝卜因品种不同及播种时间的早迟，采收时间也不一样。一般以肉质根充分肥大后为采收适期。收获过早，产量低；收获过迟，易遭冻害或糠心，从而降低品质。

萝卜的采收标准：一般在其肉质根充分膨大，肉质根的基部已“圆腚”，叶色转淡，开始变为黄绿色时，应及时采收。我国南方地区气候温暖，萝卜可以在露地越冬，随时可根据市场需求供应新鲜产品，而在北方地区必须在冻前收获贮藏。需要贮藏的萝卜必须及时采收，以免在贮藏时发生糠心。

春季播种的萝卜因前期温度低，播种后一般50～60天就要及时采收，否则完成阶段发育后很快就会抽薹，失去商品性。夏季或初秋播种的萝卜生长快，播后40～60天可以采收；秋播的秋冬萝卜根据各品种的特性而不同，迟熟品种根部大部分露在地上的品种应在霜冻前采收，迟熟品种根部全部在土壤中的可以迟收以提高产量。

此外，多层次、多茬口地进行萝卜栽培可充分利用生长空间和时间，提高复种指数，合理进行蔬菜的间作和轮作是成功进行萝卜立体栽培的基础。研究表明，前茬或当前茬为豌豆、胡萝卜、生菜和洋葱对萝卜的生长有促进作用，而栽培黄瓜则抑制其生长。

由于我国有丰富的萝卜种质资源，加上近年来从国外引进了许多优良品种可供选择，使得以萝卜为主的间套作有多种方式，现以长江中下游地区为代表介绍几种栽培萝卜的茬口安排(表5-2)。

(1)玉米→矮生早熟菜→蔓生菜→速生菜

例如：玉米→春夏萝卜→豇豆→芹菜→菠菜，每亩(下同)可收获玉米400～500千克，萝卜1000～1500千克，豇豆1500千克，芹菜3500千克，菠菜1200千克。

(2)越冬或春种晚春菜→玉米→秋冬菜

例如：萝卜→玉米→花椰菜，可收获萝卜1000～1500千克，玉米400千克，花椰菜1200千克。

(3)小麦→早熟耐热菜→秋冬菜

例如：小麦→夏秋抗热萝卜→花椰菜，可收获小麦500千克，萝卜1500千克，花椰菜1200千克。

(4)水稻→速生菜→春种早夏菜→蔓生菜

例如：水稻→萝卜→青菜→春辣椒→瓠瓜，可收获水稻600千克，萝卜1500千克，青菜700千克，辣椒3500千克，瓠瓜1500千克。

(5)春种晚春菜→夏种早秋菜→秋种晚秋菜

例如：春萝卜→夏黄瓜→莴笋，可收获萝卜1000～1500千克，黄瓜1200～1500千克，莴笋1500千克。

表5-2　不同季节萝卜采收与高效蔬菜茬口安排

作　　物	播种期(月/旬)	定植期(月/旬)	采收期(月/旬)
冬春萝卜—春大白菜—夏番茄—延秋菜豆种植方式			
冬春萝卜	10下—11上	直播	2下—3中
大白菜	2中—3上	3中—3下	4下—5中

续表

作　　物	播种期(月/旬)	定植期(月/旬)	采收期(月/旬)
番茄	4下—5中	5下—6上	7上—9上
菜豆	9上—9中	直播	11下—12中
冬芹—春大白菜—夏秋萝卜—秋冬黄瓜种植方式			
冬芹	7下—8中	10上—11上	12上—2上
大白菜	2中—3上	3中—3下	4下—5中
夏秋萝卜	5下—7下	直播	7上—9上
黄瓜	8下—9上	直播	10中—12上
春厚皮甜瓜—夏生菜或香菜—秋萝卜种植方式			
厚皮甜瓜	12下—1中	2上—2下	4下—6中
生菜或香菜	6中	7中;直播	8中—9上
萝卜	8中—9上	直播	10下—11下

(摘自:汪隆植,何启伟.中国萝卜.北京:科学技术文献出版社,2005)

问题46　如何防止萝卜的"先期抽薹"现象?

萝卜的先期抽薹,是指肉质根尚未达到商品成熟要求之前,就已抽薹的现象,失去食用价值,在生产上造成很大的损失。

1. 先期抽薹的原因

(1)低温　研究表明,通过春化阶段最适宜的温度是3～5℃,高于或低于这个温度抽薹率较低。但不同品种感受低温的影响不同,北方品种冬性强,要求低温条件比较严格,而南方品种冬性较弱,在较高的温度条件下仍能通过春化阶段。

(2)低温时间与苗龄　大多数萝卜品种在1～10℃经过10～20天的低温就可以通过春化阶段。在3～5℃的低温条件下经过10天则可以全部通过春化阶段。苗龄不同，春化结果也不同，萌动的种子在5℃条件下，需经过15～20天完成，而在幼苗2片展开叶时，通过春化最快，只需3～5天。随着苗龄的增大通过春化的时间延长。

(3)日照时数　萝卜通过春化后，在长日照条件下，可以加速其抽薹，一般在12小时以上光照条件下，均可抽薹。但品种之间有差异，有些品种较严格，需在12小时以上光照条件下才能抽薹。因此，春萝卜容易先期抽薹，而秋萝卜很少先期抽薹。

2. 先期抽薹的防止

(1)选用冬性强的品种　冬性强的萝卜品种通过春化阶段要求的条件严格，不易通过春化阶段，先期抽薹现象较少。通常北方寒冷地区的萝卜品种，在南方温暖地区种植时，先期抽薹现象较少；而南方的萝卜品种，由于通过春化阶段要求的低温相对较高，即冬性较弱，当在北方寒冷地区春季种植时，就很容易通过春化阶段而出现先期抽薹。这一现象在引种时一定要注意。

(2)采用冬性强的种子　同一个品种的种子，冬性强弱也有很大的差异，如春萝卜，即使是一个品种先期抽薹也有早有晚。在北方有的地区，直接利用早春播种的春萝卜留种，长此下去，会使品种的冬性减弱，先期抽薹现象就较严重。所以，在留种时一定要采用春种春选和秋种秋选相结合的办法精选冬性强的单株，这样的种子能保持较强的冬性，先期抽薹现象较少。

（3）适期播种　春萝卜是在初春播种，此期温度较低，播种越早，在低温环境中的时间越长，越容易通过春化阶段，先期抽薹现象越严重。播种期越晚，先期抽薹率就越低，但是由于叶丛生长期短，叶面积小，产量不高，而且上市时间也晚，经济效益降低。所以，播种期要适当。适期早播，先期抽薹率不高，而叶丛生长期较长，叶面积较大，产量高，上市早，经济效益好。

（4）种子质量　种子的大小，往往影响到幼苗生长的快慢，在一定程度上影响到植株的生长量及抽薹的早晚。一般来说，粒大、饱满的种子，播种后生长快，抽薹较早；粒小不饱满的种子幼苗生长慢，抽薹较迟。同样陈种子比新种子发芽后的幼苗生长势弱，抽薹也较晚。因此，粒小、不饱满、陈种子相对于粒大、饱满的新种子可适当早播。由于粒小、不饱满、陈种子的幼苗生长弱，虽然抽薹较迟，但最终肉质根产量和质量都较低，所以还是要选用粒大、饱满的新种子。

（5）加强管理　春萝卜在栽培中应加强肥水管理促进肉质根迅速膨大，提早上市。如果肥水不足，肉质根生长缓慢，延长生长期，致使抽薹，肉质根达不到食用标准，失去商品价值。

问题 47　如何防止萝卜的"糠心"现象？

"糠心"是指在肉质根形成期，土壤缺水，肉质根膨大受阻，皮粗糙，辣味增加，糖和维生素 C 含量降低。萝卜肉质根发生糠心，是因木质部薄壁细胞内含物消失，使细胞收缩，间隙扩大，进而出现气泡，形成空心状态；或肉质根形成期木质部薄壁细胞迅速膨大，同化产物供给不足，细胞内含物迅速降低所造成。春夏类型萝卜品种，在收获偏晚或发生先期抽薹后，易糠心；冬贮萝卜，窖温过高，湿度偏低，因呼吸消耗快和水分散失发生糠心。

1. 与品种的关系

薄壁细胞大、肉质疏松、淀粉和糖的含量少，肉质根肥大、膨大生长过快、过早的品种容易产生“糠心”。那些肉质根生长缓慢、淀粉含量较多、可溶性固形物浓度较高的品种，不易形成“糠心”。防止措施：选用肉质致密的、干物质含量高的品种。

2. 与栽培条件的关系

(1)施肥条件　“糠心”组织的出现，主要是因为肉质根的迅速膨大，而地上部合成的同化物质不能及时供给。因此，在多氮肥条件下，尤其是在生长后期多施氮肥的条件下，容易引起“糠心”。防止措施：合理施肥，重点增施钾肥，促进根发育，加速输导组织功能。防止氮肥过多导致的叶子过度旺盛影响同化物质输入肉质根中，做到地上部与肉质根生长平衡，使肉质根既肥大又不“糠心”。

(2)种植密度　当萝卜栽植的株行距过大，土壤肥力充足，肉质根生长旺盛，地上部迅速生长时，萝卜易“糠心”。而当株行距较小，合理密植时，萝卜“糠心”较少。防止措施：合理密植，特别是大型品种，适当增加栽植密度，抑制地上部生长，使根部有充足的营养，从而减少“糠心”。小型品

种进行撒播，株行距 10～15 厘米，大型品种一般行距 50～60 厘米，株距 20～30 厘米，中型品种行距 40～50 厘米，株距 15～25 厘米 。

(3)土壤湿度　萝卜一直生长在湿润的土壤里，肉质根的可溶性固形物减少，但细胞的直径较大，地上部较旺盛时，萝卜的"糠心"现象严重。土壤水分供给不均匀，肉质根膨大初期土壤供水充足，后期土壤干旱，肉质根的部分细胞缺水饥饿而衰老也易引起"糠心"。防止措施：土壤供水均匀，土壤含水量以 70%～80%为宜，特别要防止前期土壤湿润，而后期土壤干旱。

3. 与温度及日照的关系

萝卜适宜于日温较高而夜温较低的气候条件。在这种昼夜温差较大的条件下，根的膨大生长正常，不易引起"糠心"。生长初期，夜温高些，也不易引起"糠心"，但到生长中期，夜温过高，呼吸作用旺盛，消耗的营养物质太多，就容易引起"糠心"。防止措施：选择适宜的播种期，使肉质根的膨大期处于昼夜温差较大的寒冷季节。

萝卜生长期中，日照强度如不足，光合作用不足，同化物质少，糖的合成也少，因此，肉质根得不到充分的同化物质，发生"糠心"现象就严重。如果光照强度适宜，则"糠心"现象减少。防止措施：增加光照强度，减少遮阴。

4. 与采收、贮运的关系

首先采收、贮运过程中造成裂皮、裂痕等伤口，使呼吸作用增强，养分消耗过大而"糠心"。其次贮藏温度过高。萝卜贮藏的适宜温度为 1～3℃，超过 3℃易萌芽生长导致萝卜糠心。最后是贮藏环境干燥。理想的空气湿度为90%～95%,低于90%时,萝卜不断脱水使组织松软。萝卜入贮之前,如果没有切除茎盘(萝卜顶),上述情况会更严重。

预防对策:一是采收运输中尽量减少破皮、断裂等机械损伤。去掉茎盘后,放置阴凉干净处,防止风吹日晒和霜冻。待窖库内温度降至4℃以下时入贮。二是在入贮时,先在窖底铺上一层8～9厘米厚的湿沙,检查萝卜茎盘是否切净,剔除有伤口的萝卜,在贮藏期中保持1～2℃的低温环境和较湿润的相对湿度,防止贮藏期"糠心"。收获后削去根顶部,使之不能抽薹,亦可防止贮藏期抽薹"糠心"。

问题48 江南地区秋冬季萝卜的栽培关键技术有哪些?

1. 选用良种

早熟种生长期60～70天,肉质根重0.2～0.5千克,亩产量3000～4000千克,主要品种有'一点红'、'宁波60天'、'萧山一刀种'、'秋成2号'、'新八洲'、'杭州小钩白'和'上虞湖田萝卜'等;中熟种生长期80～90天,肉质根重0.5～1.5千克,亩产量4000～6000千克,主要品种有'太湖晚长白萝卜'、'南京穿心红'和'湖北黄州萝卜'等;晚熟种生长期90～100天,肉质根重1.5～3千克,最大的可达5千克,亩产量8000～10000千克,主要品种有'浙大长萝卜'、'浙萝一号'和'南京江农大红萝卜'等。各农户可根据市场需求、不同用途及收获期,合理选种。

2. 适时播种

冬萝卜播种期一般宜选在9月上中旬。播种过迟，由于气温较低，会导致叶簇生长量不够，产量不高。

3. 合理施肥

萝卜应选择在土壤肥沃、排水良好、土层深厚的沙壤土地块种植。在土层过浅或黏重的土壤上种植长筒形萝卜，易引起肉质根分叉，影响商品性和产量。主施农家肥，适当配施化肥。然后加强管理。遇干旱时，要在傍晚及时沟灌，翌日排干田水。多雨季节要注意排水，保持根系正常生长。为害萝卜的害虫主要有菜螟、菜青虫、小菜蛾和蚜虫等，可用农药防治。

问题49　江南地区春季萝卜的栽培关键技术有哪些？

1. 选用良种

选择生长期短、耐寒性强、春化要求严格、抽薹迟、不易空心的品种。目前适宜栽培的春萝卜品种以'白玉春'、'春白玉'、'春萝卜9646'和'长春大根'等较好。

2. 播种适期

春萝卜应严格控制播种期。大棚栽培，一般可在1月下旬到2月上中旬播种，4月上旬开始采收；露地地膜覆盖栽培，可在3月中下旬到4月上旬播种，5月中下旬至6月初采收；小拱棚加地膜覆盖栽培的，播种期可提前到3月上中旬。

3. 播种方法

为每穴点播1～2粒，另外用营养钵育部分预备苗，以备补缺。每亩播种量100～200克。播种后用细土覆盖0.5厘米，然后覆盖地膜保温保湿，促进种子发芽。地膜要求拉紧铺平，紧贴地面。

4. 整地做畦

选择沙壤地或沙地种植，播种前深翻地2～3次，翻耕深度不低于20厘米，最后一次翻地时亩施腐熟有机肥3000千克，三元复合肥30千克。一般按连沟一起1米宽作畦，其中畦面宽0.65米，畦面整成龟背形；畦沟宽、深0.35米，每30米畦长挖一条50厘米深的腰沟，围沟深60～70厘米，三沟高标准配套，防止田间渍水。

5. 田间管理

一般播种后4～5天就可出苗，出苗后要及时分期分批破膜引苗；第10天左右及时查苗补苗；2～3片真叶时间苗；"大破肚"时定苗。播后20天左右，萝卜开始破白，此时应用泥块压住薄膜破口处，防止薄膜被顶起。

春萝卜生长适温为12℃以上，温度过低易通过低温春化。生长前期以保温为主，适当提高棚内温度，促进莲座叶生长，遇到强冷空气需加盖防寒物。生长后期气温回升，应及时通风降温，白天保持20～25℃，夜温15℃左右，可视天气情况逐步揭除小棚膜、大棚裙膜，一般4月中旬以后即可撤除棚膜。

6. 灌水

应在晴天中午进行，灌半沟水，灌后2小时即排干。播后30天第一次追肥，45天左右进行第二次追肥，每亩用25千克复合肥对成0.5%的液肥灌根（土壤湿度较大时，可在距萝卜根10厘米处穴施）。

问题50　江南地区夏季萝卜的栽培关键技术有哪些？

江南地区夏季梅雨季节雨水多，萝卜忌湿，应选择排水良好的田块。选择地块肥沃、土层深厚而疏松的田块种植较好，忌连作。如前作为菜心、白菜、芥菜等十字花科的菜地，且发生病虫害较严重的地块则不宜选用。

1. 选用优良品种

应选择耐热性好、抗病性强、肉质根膨大快的优质品种。南方夏秋季节高温多雨，不利于萝卜生长。箩卜上市时适逢蔬菜供应淡季，价格较高，产品供不应求。因此，夏秋萝卜种植除选择早熟耐热抗逆性强品种外还应注意设施栽培，必须选择在较高温度条件下都能形成肉质根的高品质品种。多年种植经验表明，适合夏季种植的品种有'夏抗40'、'夏长白二号'；适合早秋栽培的品种除'夏抗40'、'夏长白二号'外，还有'短叶13号'、'特早生60'、'马耳早萝卜'等品种；晚秋栽培的品种有'南畔洲萝卜'。

2. 整地施肥

种植萝卜的地块宜选用土层深厚、排水良好、富含有机质的沙壤土。前茬作物收获后及时清除田间的残枝杂草，然后每亩撒施充分腐熟的有机肥3000～4000千克和蔬菜专用复合肥50千克做基肥，接下来深翻、整地、耙平、耙细，最后作垄。

3. 适时播种

萝卜一般采用直播，可每厢播3行，窝距35～45厘米

(用手按一窝)进行点播,可先在窝内播2～4粒种子再浇水,等窝中水干后再盖上少量细土(以不见种子为宜)。出苗后进行间苗,每窝选留两株。若遇天旱,可进行一次追肥,每亩用500千克农家肥兑水2500～3000千克浇一次。在以后的中耕除草时,可再浇一次肥。在萝卜的生长期可进行2～3次中耕除草。大型萝卜品种可采用穴播,每亩用种量为0.5千克,穴播时每垄双行,保持株行距20～25厘米,每穴2～3粒种子,播后覆盖2厘米厚的过筛细土。中型萝卜品种可开沟条播,开沟深度要求2～3厘米,每亩用种量为0.75～1千克。小个型品种多采用撒播,每亩用种量为1.5～2千克。播种时为预防地下害虫要采用药土或药剂拌种。播后在垄沟内浇一遍小水,2～3天后再浇一次水,水量以不超过垄高、浸透垄背为宜。

4. 加强田间管理

(1)间苗、定苗　幼苗出土后当子叶展开时进行第一次间苗;长出3～4片真叶后进行第二次间苗;当幼苗具有5～6片叶、萝卜的肉质根破肚时开始定苗,每穴只保留一株健壮的苗。

(2)中耕、除草　结合间苗先浅后深进行中耕划锄,同时把畦沟里的土培于畦面,防止倒苗。

(3)适时灌溉　夏季气温高,水分蒸发快,因此要根据土壤湿度和萝卜各生育期的特点合理浇水。幼苗期苗子根系浅,需水量小,要掌握"少浇勤浇"的原则;叶部生长盛期,要掌握"适量浇灌"的原则,不能浇水过多;肉质根膨大期,要掌握"充分均匀供水"的原则,保持土壤湿度在70%～

80%。注意:夏萝卜忌中午浇水,最好傍晚浇水。

(4)肥料施用　定苗后结合浇水每亩追施尿素 8～12 千克,以促进叶的生长;肉质根膨大前期,即露肩后每亩可随水追施尿素或硫酸铵 15～20 千克,硫酸钾 10～15 千克。另外,此期若结合根部追肥再进行叶面喷肥 2～3 次,会有效地促进肉质根膨大。

5. 防治病虫害

越夏萝卜生长期正值高温多雨季节,极易发生病虫害。主要病害有黑斑病、黑腐病;主要害虫有蚜虫、菜青虫、黄条跳甲。对黑斑病可在发病初期喷洒 75%百菌清可湿性粉剂 500～600 倍、70%代森锰锌可湿性粉剂 500 倍或 64%杀毒矾可湿性粉剂 400～500 倍液,每隔 7～10 天喷 1 次,视病情发展连续防治 2 次,也可兼治霜霉病。对黑腐病可在发病初期喷洒 47%加瑞农可湿性粉剂 800 倍或喷洒农用链霉素 3000 倍或新植霉素 4000 倍液,每隔 7～10 天喷 1 次,连续防治 2～3 次。对蚜虫和菜青虫可用 20%菊马乳油 1000～1500 倍液或者 2.5%敌杀死乳油 2000～3000 倍液喷雾,对黄条跳甲可用 50%辛硫磷乳油或 80%敌敌畏乳油 1000 倍或天王星乳油 5000 倍液喷雾,隔 7～10 天喷一次,连喷 2～3 次。

6. 适时收获

越夏萝卜收获期不十分严格。肉质根基本长成后即可根据市场行情陆续收获,但不可收获过晚,否则易“糠心”,影响品质。

第六章　十字花科蔬菜的病虫害防治

问题51　如何防治猝倒病？

猝倒病是蔬菜最主要的苗期病害之一，几乎所有的蔬菜苗期均可受到危害，严重时常造成大量死苗甚至毁床，损失很大，是影响蔬菜安全育苗的关键性问题。

1. 病原

十字花科蔬菜猝倒病的病原为卵菌门腐霉属瓜果腐霉菌（*Pythium aphanidermatum*（Eds.）Fitzp.）。该菌有性阶段形成藏卵器，球形，表面光滑，顶生或偶间生。卵孢子光滑，球形。病原菌喜低温，10℃左右可以活动，15～16℃下繁殖较快，30℃以上生长受到抑制。在20～30℃下均能形成游动孢子。

2. 症状

该病通常发生在秧苗出土前至出土后的20天内。种子萌发后至出土前，病原菌侵入下胚轴，病部呈水渍状，引起

幼芽腐烂，常不能出土。幼苗出土至出土后的 20 天内常易受害，病原菌侵染近土壤的茎基部，呈水渍状，重者纵向缢缩成线状，受害秧苗在 1～2 天内即倒伏，刚倒伏时子叶尚绿未凋萎，故称"猝倒"（见彩图 6-1）。土壤潮湿时，倒伏的秧苗四周及附近的床土表面会长出白色、棉絮状菌丝。

3. 病害循环

由于腐霉菌能在土壤和植物病残体中以菌丝体和卵孢子的方式越冬，故带菌土壤和病残体是主要的初侵染来源。而在大棚和温室等保护地中一年四季均有寄主植物的存在，病原菌无需越冬，可以反复在不同寄主上进行侵染危害。卵孢子能在土壤中存活 10 年以上。病原菌主要通过雨水、农事操作以及使用带菌粪肥传播蔓延。种子播后吸水浸透 1～2 天后，卵孢子开始萌发侵入萌芽的种子，引起种腐、根腐和出苗前的芽腐；出苗后直接侵染茎的基部，引起猝倒。病菌在受害部位发育繁殖，不断产生新的子实体，进行再侵染，所以田间可见以中心病株为基点，向四周辐射蔓延，形成"斑秃状"发病区。

4. 发病因素

猝倒病的发生与土壤环境有直接关系，同时，寄主的生育阶段和气象因素也对该病的发生危害有明显的影响。其中，影响发病的最主要因素是苗床的温度和湿度，一般而言，低温、高湿或土壤过分干燥有利于病害的发生。大多数蔬菜苗期适宜生长土温为 15～20℃，而此温度非常有利于多数致病霉菌的生长，因此，猝倒病发生的轻重主要取决于土壤湿度。再由于腐霉菌的生长、孢子萌发和侵入均需要水分;而且苗床的湿度过大也会给植株根系的正常生长发育产生胁迫,使其抵抗力降低,故有利于该病的发生和蔓延。

其次,寄主的生育期是发病的关键因素。从播种到出苗期间是最易感病的时期。幼苗子叶中养分耗尽而新根尚未扎实及幼茎尚未木栓化期间,是决定出土幼苗是否感病的关键时期,一般出苗后20天后就不再发生猝倒病。

最后,苗床的管理也是发病的重要因素。苗床地势低洼、土壤黏重、光照不足、通风不好和排水不畅,均不利于菜苗的生长,有利于病害的发生。而土温较高及养分充足则新根扎得快,有利于幼苗发育,可在一定程度上减轻发病。反之,新根未扎实,真叶不易长出,幼苗体内营养消耗多则抵抗力弱,此时若遇阴雨天气,光合作用减弱,养分消耗多于积累,植株长势弱,有利于病菌侵入,造成该病的严重发生。

5. 防治措施

猝倒病的防治应采取加强苗床栽培管理、培育壮苗以增强幼苗抗病力为主,化学防治为辅的综合措施。具体防治措施为:

(1)选择适宜的播种期　在温度相对较高的天气播种,并适当稀播,则种子出苗快,秧苗相对粗壮,这在一定程度上能减轻猝倒病的发生。

(2)床土消毒　使用旧苗床在播前必须进行苗床消毒,可单用多菌灵、甲基托布津、拌种灵和噁霉灵,也可用敌磺钠与代森锌等量混合的试剂进行土壤消毒。表土消毒法的

具体操作如下：按每50克40%五氯硝基苯，加细潮土20～25千克拌匀（为便于拌匀，可先将药粉与少量细潮土混合，再加入相应数量的细潮土混匀），然后取1/3药土铺在整平且浇透底水的床面上，播种后将剩余的2/3药土覆盖种子。处理后保持苗床表土湿润，以防治药害。另外，也可对整个床土进行消毒，具体操作为：按每平方米30～50毫升，用40%甲醛50倍液喷洒床土，薄膜覆盖4～5天，经过2周后待药剂充分挥发后播种。为提高消毒效果，表土消毒和整体床土消毒法可结合使用。另外，也可通过高温闷棚进行床土消毒。在夏秋高温季节，棚内施肥、翻地后，密封塑料大棚，形成高温厌氧环境，至少持续7～10天，可杀灭土壤中的多种病菌、线虫、害虫和杂草。

(3)种子处理　采用温汤浸种，用50～55℃的温水对吸透水的种子进行10分钟的热处理，沥水后催芽，待种子露白后播种。或用药液浸种，具体操作与温汤浸种类似。常用的药液有：1%氯化钠溶液消毒、10%磷酸三钠、1%硫酸铜、1%高锰酸钾、100倍的福尔马林等，药液的用量一般为种子量的1倍，应将种子全部浸没在药液中。也有的用药粉拌种，常用的药剂为五氯硝基苯、敌克松、多菌灵、拌种双等，药剂用量一般为种子重量的0.4%。采用药粉拌种必须使用干种子，拌好以后立即播种，以免产生药害。

(4)加强苗床管理　应该选择地势较高、向阳、排水良好、无毒源的地块作为苗床，床土最好选用无病新土壤。播种前平整床土，浇透水，施足基肥。播种时要均匀，不宜过密，覆土以盖住种子为宜，以促进出苗。出苗后补水应在早晨或晴天中午进行，小水润灌，避免床土湿度过大而降低地温。苗床温度不低于12℃，可采用双草帘或双膜法，在冷天迟揭早盖。苗出齐后，应早间苗，剔除病、弱苗，防治病害蔓延。十字花科蔬菜育苗期间，第一次间苗在第1～2片真叶展开时进行，第3～4片真叶展开时进行第二次间苗。重病区采用快速育苗或无土育苗法。

(5)化学防治　苗床一旦发现病株，应及时拔除，然后用药剂喷雾或浇灌，控制病害蔓延。常用的化学药剂有百菌清、甲霜灵、代森锰锌和噁霉灵等。在药剂喷雾或灌根后，撒草木灰或干细土，以降湿保温，促进根系发育生长，提高防病效果。

问题52　如何防治病毒病？

十字花科蔬菜病毒病是我国蔬菜产区普遍发生且危害严重的病害之一，曾列为十字花科蔬菜三大病害之首。一般地块发病率为3%～30%，严重地块可达80%以上，而且由于受害蔬菜因抵抗力下降很容易又发其他病害，加重损失。

1. 病原

我国十字花科蔬菜病毒病毒源种类在不同地区不完全相同，同一地区甚至同一地块，也可受不同病毒单独侵染，或几种病毒复合侵染。但大部分地区以芜菁花叶病毒(Turnip mosaic virus，TuMV)为主，其次为黄瓜花叶病毒(Cucumber mosaic virus，CMV)。此外，还有其他病毒源的

报道，如萝卜花叶病毒(Radish mosaic virus，RMV)、花椰菜花叶病毒(Cauliflower mosaic virus，CaMV)、白菜沿脉坏死病毒(Cabbage vein necrosis virus，CVNV)、烟草花叶病毒(Tobacco mosaic virus，TMV)、烟草环斑病毒(Tobacco ringspot virus，TRSV)和苜蓿花叶病毒(Alfalfa mosaic virus，AMV)。

TuMV属马铃薯Y病毒属，病毒粒体线状，大小(700～760)纳米×(13～15)纳米，病毒钝化温度为55～65℃，体外保毒期1～7天。TuMV具有株系分化，20世纪90年代根据TuMV在鉴别寄主上接种后的症状反应，划分为7个株系：Tu1(普通株系)、Tu2(小白菜株系)、Tu3(海洋白菜株系)、Tu4(大陆白菜株系)、Tu5(甘蓝株系)、Tu6(花椰菜株系)和Tu7(芜菁株系)。TuMV寄主广泛，除十字花科植物外，还能侵染菠菜、茼蒿和车前草等。

2. 症状

因毒源种类、蔬菜类别或品种以及环境条件的不同，十字花科蔬菜病毒病症状表现各有差异(见彩图6-2)。

白菜幼苗期受害，心叶最初表现为叶脉透明，逐渐沿脉褪绿呈花叶，严重时叶片皱缩、扭曲畸形，有时病叶背面的叶脉上产生褐色坏死斑点，病株生长缓慢。成株期发病重病株生长迟缓或停止，不能结球，明显矮缩，叶片僵硬扭曲、皱缩成团，俗称“抽疯”或“孤丁”；叶片背面叶脉上也有褐色坏死条斑或裂痕；根系不发达，须根减少，病根切面呈黄褐色。带病留种株受害严重者花薹尚未抽出即死亡，轻者能抽出花薹但高度不及正常的一半，且弯曲畸形、上有纵横裂口；花瓣色浅易早枯，果荚瘦小弯曲，籽粒干瘪且发芽率低；叶片小而僵硬，新叶出现明脉、花叶，老叶上产生坏死斑点或主脉坏死。

甘蓝幼苗受害后叶片上产生2～3毫米的褪绿圆斑，迎光观察非常明显，前期病叶上出现浓淡相间的斑驳或明显的花叶症状，后期老叶片的背面有黑色的坏死斑点。病株生长缓慢、发育滞后，结球迟且疏松。开花期间叶片上斑驳更加明显。

榨菜在整个生育期均可以发生，尤以苗期至移栽后茎瘤膨大前发病严重。症状主要分为皱缩型和花叶型。受病毒病侵染的植株，心叶皱缩或花叶，老叶提前死亡；茎瘤不能正常膨大而呈棒状；根部变褐坏死，主根短，须根少，整株生长缓慢逐渐死亡。萝卜、芜菁、菜心等其他十字花科蔬菜上的症状与白菜的基本相同。

3. 病害循环

不同蔬菜种植区栽培方式和自然环境条件的差异会引起该病发生危害的特点各有差异，共同的特点是病害在田间发生危害与传毒介体蚜虫有密切关系。在终年栽培十字花科蔬菜的地区，病毒可以不间断地从病株传到健株来完成周年循环；在我国北方地区，十字花科蔬菜不能露地越冬，病毒主要在窖藏的留种株上越冬，也可以在田间多年生宿根植株或杂草上越冬；在长江流域和华东地区，病毒可以在田间生长的十字花科蔬菜、杂草上越冬，如田间终年生长的蔊菜是华东地区秋菜病毒病的主要来源。TuMV和CMV均可通过蚜虫和汁液摩擦传染，但田间的传播途径以

蚜虫为主。各地的传毒蚜虫种类不尽相同，多数以桃蚜和萝卜芽为主，其次是甘蓝蚜、棉蚜，但蚜虫能够保持传毒能力的时间仅为25～30分钟。有翅蚜比无翅蚜的传毒能力强，范围广，其发生数量和迁飞时间及途径与所传病毒病的发生和危害程度密切相关。

4. 发病因素

影响十字花科病毒病发生和流行的主要因素是田间传毒介体的发生危害、气候条件、品种抗病性和栽培管理措施等。

(1)传毒介体与气候条件　由于病毒病由介体蚜虫传播，故其能否发生和流行，关键取决于传毒蚜虫生态环境的好坏。通常蔬菜生长期间遇高温干旱则病毒病会严重发生，其原因是持续的高温干旱有利于蚜虫的大量繁殖和有翅蚜虫的迁飞，也有利于病毒本身的繁殖，但不利于蔬菜根系的生长而导致对植株生长发育的胁迫；反之，大雨对蚜虫有冲刷和淹死的作用，又不利于有翅蚜虫的迁飞，且降雨次数增多也不利于蚜虫的活动。同样，如土温高、土壤湿度低，则病毒病害发生较重。

(2)耕作制度与栽培管理　耕作制度与栽培管理等因素对该病的发生和流行有着重要的作用。十字花科蔬菜实行间作、混作或连作，或与其他毒源植物邻作时，有利于蚜虫传播病毒，病害发生严重。就播期而言，秋播的十字花科蔬菜早播发病重、晚播发病轻，过早播种易遭受高温干旱或未能避开有翅蚜虫的迁飞高峰，从而加重了毒源的传播。另外，在栽培管理时适当增加土壤湿度，降低土温也可在一

定程度上减轻该病的危害。

(3)抗病品种　不同品种对病毒病的抗性有差异。杂交品种比常规品种抗病;青帮的比白帮的抗病;其他代谢产物如总糖、氨基酸和单宁等含量高的品种一般抗性也高。目前,已经选育出了许多抗病毒病的新品种在生产上推广应用,取得了较好的增产增收效果。

5. 防治措施

十字花科蔬菜病毒病的防治,应采取栽培抗病品种和防治传毒蚜虫为主,辅以合理的栽培管理措施进行综合防治的策略。

(1)选用抗病品种　在生产中推广应用抗病品种是十字花科蔬菜防治病毒病的根本途径。除常规的重组育种和优势育种外,还可以采用远缘杂交、离体培养、诱变育种和分子育种等育种途径培育抗病新品种。老的品种应注意提纯复壮,以保持其抗病性。目前生产上抗性较好的品种有'胶白6号'、'京球1号'、'春夏旺'、'阳春'及'宁甘2号'等。

(2)防治传毒蚜虫　育苗期间利用银灰色或乳白色反光塑料薄膜、铝箔纸或聚乙烯塑料薄膜等避性材料进行避蚜防病。具体做法有:播种后用50厘米宽的铝箔纸覆盖18～20天;或在菜地内间隔60厘米挂高度为20～50厘米、宽为5厘米的白色聚乙烯塑料带。同时,出苗后每周喷药一次,杀灭幼苗上的蚜虫。防治蚜虫的药剂有吡虫啉类(康福多、艾美乐、必林等);吡虫啉复配剂(蚜虱净和蚜虱立克)等。

(3)加强栽培管理　做好田间管理,及时清除田边杂草

和其他十字花科植物感病残株，减少初次侵染病原；苗床和大田操作时，手和工具要消毒，避免人为传播毒源；调整蔬菜布局，合理间、套、轮作，秋大白菜避免与早白菜、萝卜、甘蓝等邻作，可减轻蚜虫和病毒病的发生；适期播种，尽量使苗期避开高温干旱和蚜虫高峰；深翻起垄栽培，施足底肥和磷钾肥，加强肥水管理，提高植株抗性。此外，还可以通过人工防护进行防虫防病。夏秋季节覆盖遮阳网、防虫网和塑料薄膜，不仅有利于降温、防雨，而且还可以防虫、防病。北方棚室果菜生产覆盖防虫网，可阻断粉虱、蚜虫、斑潜蝇、棉铃虫等害虫侵入危害；南方夏秋季节生产青菜，使用防虫网可防止小菜蛾、菜青虫、甜菜夜蛾、斜纹夜蛾、蚜虫等害虫侵入。

(4)化学防治　在病毒病发病初期或苗期，可使用十字花科蔬菜专用的抗病毒液 BSV 2～3 次，每次用药间隔 10 天左右。移栽后发病初期可及时喷施病毒抑制剂，如病毒灵、植病灵、病毒威、菌毒宁、病毒 A 和菌毒清等。具体浓度为 20%的病毒 A 500 倍液或 1.5%植病灵 1000 倍液、83 增抗剂 100 倍液。同时，配合进行叶面施肥，减轻病害症状，促进正常生长。

问题 53　如何防治根肿病？

十字花科蔬菜根肿病，又称天冬根，是一种世界性病害。该病原菌的寄主范围很广，可危害大白菜、普通白菜、甘蓝、萝卜、花椰菜、芥菜、油菜、荠菜等 100 多种栽培的和野生的十字花科植物。一般田块发病率 10%～30%，重者高达 50%以上，给十字花科蔬菜可持续性生产带来极大的危害。近年来，该病在世界各地有日渐严重之势，应引起相关工作者的高度重视。

1. 病原

十字花科蔬菜根肿病是由根肿菌门根肿菌属芸薹根肿菌(*Plasmodiophora brassicae* Woron)侵染引起的。研究发现，*P. brassicae* 生活史可划分为两个阶段，即侵染根毛阶段和侵染皮层中柱阶段。休眠孢子萌发时释放出一个游动孢子，游动孢子与寄主的根或根表皮细胞接触后，鞭毛收缩并休止形成休止孢。休止孢萌发时形成一管状结构穿透寄主细胞壁，将原生质注入寄主细胞内，发育成原质团。这种原质团成熟后分割形成薄壁的游动孢子囊，每个孢子囊可释放出 8 个游动孢子。游动孢子具有配子的功能，质配后两个游动孢子配合形成合子。合子侵入寄主细胞内发育成产休眠孢子囊的原质团。原质团内的细胞核发生核配，发生核配后立即进行减数分裂形成次生游动孢子囊，最后形成休眠孢子。除十字花科作物外，在许多其他植物如绒毛草属(Holcus)、草莓属(Frugariu)，木犀草属(Reseda)、罂粟属(Papaver)、毒麦属(Lolium)和翦股颖属(Agrostis)上均观察到根毛侵染，而皮层侵染仅限于十字花科植物。此外，在具抗病基因的甘蓝品系中也观察到根毛侵染。

目前，普遍认为芸薹根肿菌是一种低等生物。该病原菌以休眠孢子囊在土壤和带有病残体的未腐熟的厩肥中越冬越夏。休眠孢子囊在土壤中的存活力很强，一般可存活

至少8年，若环境适宜则可存活15年以上。通过ECD系统和威廉姆斯分类系统的鉴定，病菌存在多个生理小种，国外研究鉴定可分为24个生理小种。而我们的生理小种鉴定研究结果显示，侵染浙江省的生理小种主要是ECD16/0/0。

此外，由于芸薹根肿菌是一种活体寄生菌，不能在人工培养基上进行离体培养，所以目前发病试验主要以病根或病土作为侵染源。这在一定程度上阻碍了人们对根肿病的致病机理和病原与寄主间互作机制的深入了解。

2. 症状

根肿病主要发生在根部，通常苗期即可受害，严重时幼苗枯死（见彩图6-3）。成株期受害，初期地上部症状不明显，以后生长逐渐迟缓、矮小，并表现缺水症状，基部叶片常在中午萎蔫，早晚恢复，后期基部叶片发黄、枯萎，严重时全株枯死。主根上的肿瘤个大而数量少，侧根上的个小而数量多。主根的肿瘤靠近地上部。发病前期瘤体表面光滑，后期表面粗糙，明显龟裂，常易受其他杂菌入侵而造成腐烂。须根上肿瘤多，且串生在一起。感病植株明显矮小，叶片由下而上逐渐发黄，晴天中午前后植株萎蔫，似缺水状。发病初期病苗早、晚可恢复，晚期不能恢复正常。

甘蓝、白菜和芥菜等寄主受害后，肿瘤多发生在主根和侧根上，主根的肿瘤体积大而数量少，侧根的肿瘤体积小而数量多；肿瘤多呈纺锤形、手指形或不规则形；大的如鸡蛋甚至更大，小的如米粒。萝卜和芜菁等根菜类的肿瘤多发生在侧根上，主根一般不变形，或仅在根端生瘤。

3. 病害循环

芸薹根肿菌生活史的各个发育阶段几乎完全在寄主组织内进行。病根腐烂以后,肿瘤组织内含有的大量休眠孢子囊释放至土壤或在堆肥中越冬或越夏,成为下季或下年的主要初侵染源。田间主要以雨水、灌溉水、昆虫、农具和人畜进行传播,最近的研究显示,种子表面也带有一定数量的休眠孢子囊。因此,病菌可借带病的菜苗、菜株、种子或带菌的泥土转运而作远距离传播。

从病菌侵入根毛到表现出根肿症状,一般需要 9～10 天。植株受侵染越早,受害越重;如植株根系已经发育完全后侵染,一般不会引起肿大变形,故有时根肿不明显。

4. 发病因素

根肿病的发生与土壤酸碱度和温湿度密切相关,同时,土壤中的休眠孢子的含量对发病也有很大的影响。

(1)土壤的酸碱度和温湿度　当土壤的 pH 值为 5.4～6.5、土温为 18～25℃、土壤湿度约为 60%时,最适于病原菌的萌发和侵入,寄主发病和受害最重。当土壤 pH 值＞7.2、土温＜12℃或＞27℃、土壤湿度＜45%或＞98%时,因不适合病菌的萌发和侵入,病害不发生或很少发生。一般而言,十字花科蔬菜生长的季节其土壤温度基本满足病菌的萌发和入侵的要求,因此,土壤湿度是发病的决定因素。当土壤湿度达到 60%～70%并保持 18～24 小时时,病菌就可以完成萌发和侵入。侵入以后土壤湿度对其发病就没有影响了,由此,可以解释田间湿度与发病有时不一致的偶然现象。

(2)土壤病菌含量　就甘蓝而言,黏重的每立方厘米病

土其孢子量为 2×10^4 个，而富含腐殖质的每立方厘米壤土其孢子量为 2×10^5 个即可使寄主发病。研究表明，当每立方厘米土壤中病菌孢子量少于 1×10^7 个时，光照强度同病情指数的相关性明显，当每立方厘米土壤中孢子量大于 1×10^7 个时，光照强度同病情指数的相关性不明显。

（3）栽培管理条件　连作地因土壤的含菌量高，发病严重，因此生产上实行 4～5 年的轮作或水旱轮作，可以减少发病率。幼苗定植后半个月左右为晴天则发病轻，反之则重。另外，使用石灰可以提高土壤的 pH 值，故可以减轻发病，因此国内外都把增施石灰列为防治根肿病的一项有效措施。但沙性土壤使用石灰的防治效果不理想。另有研究认为，偏施氮肥也有加速发病的趋势。

（4）品种的抗病性　不同作物和同种作物不同品种或不同品系间的抗病性有明显的差异。品种的抗病性与病菌生理小种的区系分布关系很大。由于不同地区病菌生理小种的组成和致病性不同，所以品种的抗病性表现各异。此外，次级游动孢子两两融合形成双核的游动孢子在进行减数分裂过程中会发生重组，导致根肿病病原菌生理小种的进化速度很快，从而使得抗病品种抗性迅速下降。所以，为了延长抗病品种的使用年限，除了继续开展十字花科蔬菜根肿病的垂直抗性育种外，还应十分重视其水平抗性的抗性育种，进而提高十字花科蔬菜的综合抗病性。

5. 防治措施

目前在蔬菜生产中还没有根治根肿病的有效药剂，但通过以下措施，可以缓解病害的发生，减少产量的损失。

(1)农业防治

① 改良土壤酸碱度:提高土壤的碱度是最传统、应用最广泛的一种控制根肿病的方法。一般在土壤 pH 为 7.2 时,发病率和发病程度都会降低。这主要与所使用的石灰量、石灰颗粒大小、石灰颗粒的分散程度、土壤质地、土壤湿度以及施用石灰和播种之间的时间间隔等有关。由于存在很多的不确定因素,施用石灰防治根肿病的效果存在很大的差异性。田间有病株出现时,可用1%～2%石灰水淋湿畦面,隔7天再淋一次,可以控制病菌在土壤中的扩散蔓延。

② 选用抗病品种、合理轮作:目前市场上已经有了很多抗根肿病的蔬菜新品种,选用这些抗病蔬菜品种是防治根肿病的一种重要的基本手段。但是根肿菌有100多个生理小种,而且其生理小种的进化速度较高,造成一些原来抗病品种丧失抗病性的报道也屡见不鲜。这迫使人们又返回来寻求比较传统的防治方法,比如轮作、撒石灰、控制营养成分和化学农药防治等。此外,在作物收获后或换茬时,应及时清除病株和病残体,将其带出田间,集中销毁,以减少田间病原。

③ 培育和选用无病壮苗:大白菜整个生育期都可感染根肿病,而苗期是否带菌关系着发病的迟早与轻重。因此,在无病土上培育壮苗是防病最基础的一环。移栽定植时要及时淘汰弱苗、病苗。在生长期内,若发现零星病株,立即拔除,带出田间销毁,并在病穴周围撒石灰消毒,以防病菌扩散。夏季适当早播,秋季适当推迟播种期,可以起到避病的作用,而且对产量影响不大。

(2)化学防治

① 消毒:

苗床消毒:苗期是否感病关系着田间最终发病的迟早与严重程度。因此,苗床消毒是综合防治中最为关键的。

种子消毒:研究表明,病区植株的种子是不带菌的,但因为种子表面可能粘连着根肿菌休眠孢子,也可能会导致非病区发病,所以,播种前对种子进行消毒很有必要。用55℃温汤浸种15分钟或用福尔马林100倍液浸种20～30分钟,用水洗净后播种。

农具消毒:目前还没有专门针对根肿病的消毒剂,但在对目前市场上的许多消毒剂进行分析评估后发现,含次氯酸盐成分的消毒剂有较好的杀菌效果。次氯酸盐价格低而且很容易获得,因此为防止根肿菌的扩散,应该对重复使用的一些农具及时用次氯酸盐消毒处理,避免交叉感染。

② 化学农药:近年来,用化学农药防治根肿病报道较多的是采用五氯硝基苯在栽培前以每亩1.5～3.0千克的药量畦面均匀条施,或用75%五氯硝基苯可湿性粉剂700～1000倍液每穴0.25～0.5千克灌根。其他比较有效的化学农药还有甲基托布津和多菌灵等。

虽然十字花科根肿病为世界性病害,但目前还没有专门针对根肿病有特效的商品化农药。考虑到人类健康以及环境安全问题,许多国家都已经禁止或限制使用某些农药成分,比如甲基溴、甲醛、二溴乙烯和氯化汞等,而正是诸如此类的剧毒成分,才能根治根肿病,这就限制了针对该病专用农药的开发进程。

③ 日光杀菌：在炎热的夏天也可以进行土壤日光灭菌，即在土壤表面覆盖聚乙烯薄膜，通过日光加热薄膜下的空气，达到灭菌的效果，目前这种方法在以色列和加利福尼亚地区被证明是很有效的。土壤日光灭菌达 4 周以上，就可以显著减少土壤表层 10 厘米以内的根肿菌休眠孢子的数量，还可以显著降低前 6 周内的发病程度，产量也相应有所上升。如果是黏质土壤，配合使用熏蒸消毒剂，效果会更好。但总体而言，这种防治方法需要长时间休耕，成本较高，实施起来较为困难，在我国难以大面积推广。

④ 生物防治：目前已经商品化的生物农药有 *Bacillus subtilis*（商品名 Serenade ASO，USA）、*Gliocladium catenulatum*（商品名 Prestop，Finland）和 *Streptomyces lydicus*（商品名 Actinovate AG，USA），这些生物农药能使白菜和油菜根肿病的为害减轻 54%～84%。

问题 54　如何防治软腐病？

十字花科蔬菜软腐病又称“水烂”，是世界性的重要细菌病害之一，在我国各蔬菜产区均有不同程度的发生。此病可危害所有十字花科蔬菜，以白菜、甘蓝、萝卜和花椰菜受害较重。此外，茄科的番茄、马铃薯和辣椒，百合科的葱和洋葱，伞形花科的胡萝卜和芹菜以及菊科的莴苣等蔬菜也可受害。

1. 病原

病原属细菌界薄壁菌门欧氏杆菌属胡萝卜软腐欧氏杆

菌胡萝卜亚种(*Erwinia carotovora* subsp. *carotovora*)。菌体短杆状,周生鞭毛2～8根,无荚膜,不产生芽孢,革兰染色阴性,兼性嫌气。该菌在4～36℃之间均能生长发育,最适温度25～30℃,致死温度50℃、10分钟;对氧气要求不严;在pH 5.3～9.2间均能生长,最适pH 7.2。

病菌不耐干燥和日光,在室温和干燥条件下2分钟即死亡。软腐病细菌能分泌许多具有降解活性的酶,如果胶酶、纤维素酶、蛋白酶、磷脂酶和木聚糖酶等,能导致植物细胞壁的降解,使细胞分离,组织崩溃,流出细胞汁液。同时,在腐烂过程中还易遭受腐败性细菌的侵染而产生吲哚,因而发出臭味。

2. 症状

软腐病的发生因蔬菜种类、植物组织部位和环境条件的不同而有差异。白菜多由包心期开始受害,常见的症状是在植株外叶的叶柄基部与根茎交界处先发病,初时病部呈水渍状,后逐渐扩大,表皮下陷,变灰褐色腐烂,病部有污白色细菌溢脓。严重时叶柄基部和茎处心髓组织完全腐烂,充满灰褐色黏稠物,病叶瘫倒露出叶球,俗称“脱帮子”,并伴有腥臭味(见彩图6-4)。另一常见的症状是病菌先从菜心基部开始侵入引起发病,但植株外叶生长正常,心叶逐渐向外腐烂发展,充满黄色黏液,病株用手一拔即起,俗称“烂疙瘩”,湿度大时腐烂散发出恶臭。此外,也有从外叶边缘或心叶顶端的伤口入侵,最后引起腐烂脱帮。腐烂的病叶在晴暖干燥的环境下,迅速失水干枯呈薄纸状。甘蓝的发病与白菜相似。

萝卜受害多从根尖的虫伤或切伤开始，初呈水浸状，病部很快就发展成褐色软腐，病健部分界清楚，并常见汁液渗出；留种株受害时，往往老根外观完好，而心髓已完全腐烂，仅存空壳。

3. 病害循环

在我国南方温暖地区，多种蔬菜寄主终年交替存在，无明显越冬间隔期，病菌从伤口、自然孔口、病裂痕处侵入，并通过雨水、灌溉水、病残体沤制的堆肥和昆虫等传播。此外，土壤中的软腐病菌可以从萌发中的幼芽和整个生育期的根系侵入，以根毛区侵入为主。细菌侵入后可向地上部转运，然后在维管束中潜伏，白菜潜伏带菌率有时高达95%。潜伏在维管束中的细菌，在白菜生长前期和正常通氧条件下，与寄主形成一种平衡，白菜外观不表现出症状，但到生长后期或通气不良和厌氧条件下，潜伏的细菌首先在维管束中大量繁殖，然后通过果胶酶的作用，导管壁部分被破坏，细菌通过崩溃的导管进入薄壁细胞，进一步分解中胶层，扩大为害而形成水渍状斑。由于病菌的寄主范围广，所以能在田间各种蔬菜上传染繁殖，不断为害，最后传到白菜、甘蓝、萝卜等秋菜上。

4. 发病原因

十字花科蔬菜软腐病的发生和流行主要与气象因素、蔬菜不同生育期伤口的愈伤能力、害虫的危害等因素密切相关。

(1)气象因素　气候条件是影响软腐病发生发展的重要因素，其中以温度和雨水作用最大，两者均影响植株的伤

口愈伤速度、传媒昆虫的发生期和发生量以及病菌的繁殖与传播。雨水多易使叶片基部处于浸水和缺氧状态，伤口不易愈合，植株抗病力下降；也同时给病菌的繁殖和传播蔓延创造了有利的条件，故通常露多或湿度大的天气促使病害严重。随后，秋季气温低，易使害虫向株内钻蛀，产生伤口有利于病菌的传播。

(2)蔬菜不同生育期　寄主愈伤组织形成的快慢直接影响病害发生的轻重。白菜在幼苗期受伤，3 小时后伤口即开始木栓化，24 小时即可达阻止病菌侵入的程度；而在莲座期后受伤，12 小时后伤口才开始木栓化，72 小时才可达阻止病菌侵入的程度。由于软腐病从伤口侵入，愈伤能力低常常造成植株易于感病，因此，该病通常在白菜包心期后危害最重。

(3)害虫　蔬菜田间害虫的活动与软腐病发生关系密切。一方面害虫在白菜上造成伤口，有利于病原菌的侵入；另一方面，有害虫体内、外均携带病菌，直接起到传染和接种的作用。据报道，有多种害虫可以传带病菌，如黄条跳甲、菜青虫、小菜蛾、菜螟和大猿叶甲幼虫的口腔、肠道和粪便中均有软腐细菌。麻蝇和花蝇体外带菌，传播能力强，可作远距离传播。同时，金针虫、蝼蛄、金龟子幼虫等地下害虫造成的伤口对传病也有很大的作用。可见防虫对防治软腐病有极其重要的作用。

(4)栽培管理　耕作栽培措施是影响病害扩展的重要条件。

①耕作茬口：前茬为禾本科、豆科、葱蒜类蔬菜等非寄

主作物时,发病轻;与十字花科、茄科、葫芦科作物连作则发病重。

②耕作管理:深沟高畦(垄)栽培,排水良好,土壤通气性好,促进根系发育,增强植株长势,有利于伤口愈伤的形成,减少病原菌的侵入。另外,锄地中耕伤根,追肥喷药时碰断菜帮造成伤口,植株生长不良,发病均会加重。

③播种时期:播种期早,白菜包心早,感病期也相应提前,发病较重。雨水多时尤为明显。播种前应深耕翻地,改善土壤性状,也可减少初次侵染病原菌的数量。

(5)品种抗性　白菜品种间对软腐病的抗病性存在着差异。通常外形直立,垄间通风性好,比叠包型和圆头型的品种抗病性好。青帮品种比白帮品种的抗病性好。通常抗霜霉病和病毒病的品种,对软腐病也具有较好的抗性。

5. 防治措施

软腐病的防治应采取农业防治为主,利用抗病品种、加强虫害防治并辅以化学防治的综合防治措施。

(1)选用抗病品种　选择抗病品种是防治软腐病的根本措施。目前各地比较抗病的白菜品种有'早熟7号'、'早熟8号'、'小杂56'、'小青口'和'天津青麻叶'等。各地可因地制宜选用合适的抗病品种。

(2)农业防治　合理的耕作制度和良好的农业栽培管理措施是控制软腐病发生和发展的重要措施。

①合理轮作:与韭菜、葱、蒜等百合科蔬菜或豆科蔬菜轮作2年以上,不要与十字花科、茄科和葫芦科蔬菜等寄主作物进行连作。与水稻和水生蔬菜进行水旱轮作也有较好

的效果。

②适期播种：根据品种特性、气候和灌溉条件，适当调整播种期，一般以易感病的包心期避开雨季为宜。

③加强栽培管理：播前翻地晒垄，减少病菌和虫害来源。采取垄作，施足基肥，早施追肥，并增施磷钾肥。使用充分腐熟的有机肥，施肥时避免直接接触菜根，防治烧伤根系。浇水不要漫灌，改通灌、串灌为长垄短灌，有条件的最好采用滴灌，施肥与灌水合二为一。洪涝或大雨冲刷菜根后，要及时培土和清沟排渍，防治地块板结和龟裂。

④及时清除菌源：田间发现重病株要及时拔除，带出田外深埋或烧毁。拔除后的病穴使用石灰或20%石灰水消毒，然后填土压实。收获后及时清除田间病残体，集中作堆肥、沤肥而进行高温发酵。储运期间用100mg/kg氯霉素或链霉素喷洒，以防治病害蔓延。

(3)及时治虫　从苗期始就要及时防治地老虎、菜青虫、甘蓝夜蛾等地下害虫，特别要消灭地蛆的危害。一般用50%辛硫磷1000倍液，或90%敌百虫晶体1000倍液灌根处理；同时，早期及时防治传病的黄条跳甲、小菜蛾、大猿叶甲和菜青虫等害虫的危害。

(4)化学防治　苗期施药保护对防治土壤细菌从根系侵入和控制潜伏侵染具有较好的效果。苗期喷洒72%农用链霉素可溶性粉剂4000倍液，或新植霉素4000～5000倍液喷雾。包心期发现病株，应及时拔除并用石灰处理后，用链霉素或敌磺钠药液灌根处理。苗期和包心期第一次施药后，间隔7～10天，连续用药2～3次。

问题55 如何防治霜霉病?

霜霉病是十字花科蔬菜重要的病害之一,在我国各地均有发生。在南方地区,白菜、花椰菜、芥菜和萝卜等均受害较重。一般在气温较低的早春和湿度较大的晚秋时节发病较重。在病害流行年份,大白菜发病率可达80%~90%,损失可达50%~60%。

1. 病原

霜霉病的病原是卵菌门霜霉属寄生霜霉菌(*Peronospora parasitica*(Pers.) Fries)。病菌菌丝体发达、无色、无隔膜,在寄主细胞间隙扩展,产生球状、囊状或分叉状的吸器深入寄主细胞内吸取养分。有性生殖产生卵孢子。卵孢子黄至黄褐色、球形、厚壁,表面光滑或略有皱纹,抗逆性强。菌丝发育适温为20~24℃,孢子囊形成适温为8~12℃,萌发适温为7~13℃,病菌在16℃左右时最易侵染。孢子囊形成、萌发和侵入均需较高的湿度,水滴的存在最为有利。

霜霉菌属于专性寄生菌,有明显的生理分化,国内分为三个变种:芸薹属变种(白菜致病类型、甘蓝致病类型和荠菜致病类型)、萝卜属变种和荠菜属变种。

2. 症状

十字花科蔬菜整个生育期均可受害,本病主要危害叶片,其次为茎、花梗和种荚(见彩图6-5)。白菜幼苗受害,叶面症状不明显,叶背出现白色霜霉层,严重时,幼苗变黄枯死。成株期叶片发病,多从下部或外部叶片开始。初在叶

正面产生水浸状、淡绿色斑点，逐渐扩大转为黄色至黄褐色。受叶脉限制而形成的多角形或不规则形病斑，边缘不明显，空气潮湿时，在叶片病部背面布满白色至灰白色稀疏霉层，该霉层由霜霉菌的孢子梗和孢子囊组成。包心期后，在环境条件适宜时，病情加剧，病斑连片，使叶片变黄、干枯、皱卷。从外叶向内叶发展，层层干枯，最后仅存中心的叶球。在采种株上，叶片、花梗、花器及种荚均可受害。花梗受害会导致花梗肥肿、弯曲畸形，丛聚而生，呈龙头拐状，俗称“老龙头”，病部长出白色稀疏的霉层；花器被害后变畸形肥大，花瓣变绿色，久不凋落；种荚被害后呈淡黄色，细小弯曲，结实不良，常未熟先开裂或不结实，病部长满白色的霉层。

甘蓝和花椰菜幼苗可被害，病部产生霜霉，叶片变黄枯死，成株正面产生微凹陷、黑色至紫黑色、多角形或不规则形病斑，病斑背面长出灰紫色霜霉层。花椰菜花球受害后顶端变黑，重者延及整个花球。

萝卜发病，叶片与白菜的相似，肉质根的病斑为褐色不规则斑痕，易腐烂。

3. 病害循环

霜霉病主要在春秋两季发病严重。初侵染源来自三个方面：在病残体和土壤中越冬的卵孢子、在采种株和冬季寄主作物上越冬的菌丝体以及附着在种子表面的卵孢子和种子中的病残体。南方地区，因田间终年种植十字花科作物，病菌不存在越冬问题，病菌借助接续产生的孢子囊在寄主植物上辗转危害。在长江中下游地区，病菌以卵孢子和菌丝体随病残体在土壤中越冬，菌丝体在植株体内可形成孢囊梗和孢子囊，因此，卵孢子和孢子囊是病害的初侵染源，在春季适宜条件下孢子萌发侵染春菜。在田间，卵孢子和孢子囊主要通过气流和雨水传播，萌发后从气孔或表皮直接侵入，条件适宜时，3～5天即可发病，发病后产生大量的孢子囊，在田间反复再侵染。

4. 发病因素

十字花科霜霉病的发生和流行，主要受气象因素、栽培措施和品种抗性的影响，其中以气象因素对病害发生危害的影响最大。

(1)气象因素　霜霉病的发生和流行与温湿度的关系十分密切。其中温度决定病害出现的迟早和发展速度，雨量决定病害发展的严重程度。病菌侵入寄主的适温是16℃，侵入后，在植株体内菌丝体生长则要求较高的温度(20～24℃)。高湿有利于孢子囊的形成、萌发和侵入，也有利于菌丝体的发展。冷凉山区在低温多湿、通风不良、雾大露重的气象因素下，特别适于霜霉病和白锈病的并发，常使危害加重。

(2)栽培条件　秋白菜播种过早，包心期提前，病害发生早，危害重；十字花科蔬菜连作，有利于卵孢子在土壤中的积累，初侵染源增加，从而发病多而重。水旱轮作能使病残体彻底腐烂分解，发病轻。此外，栽培密度过大、通风不良、基肥不足、追肥不及时、包心期缺肥、生长衰弱的植株发病较重。据报道，移栽田病害往往重于直播田。

(3)品种抗病性　品种间抗病性存在明显差异，且不同

品种对病毒病和霜霉病的抗性较为一致，田间易感病毒病的植株也易感染霜霉病。一般地，疏心直筒形品种因外叶较直立形品种通风透气，发病轻，圆球形、中心型品种则发病较重；柔嫩多汁的白帮品种发病较重，青帮品种发病较轻。

另外，不同的白菜发育阶段其抗病力各不相同，苗期子叶最感病，真叶较抗病，包心期后，随着外叶的衰老，植株进入感病阶段，故该病多在生长后期发生。

5. 防治措施

十字花科蔬菜霜霉病的防治，应采取以种植抗病品种和加强栽培管理为主，结合化学防治的综合措施。

(1)选用抗病品种　目前选育和可供生产上应用的抗病品种主要有'矮抗青'、'夏阳'、'夏丰'、'小青口'、青杂系列、风抗系列等。蔬菜产区可因地制宜地选用适合本地种植的抗病良种。

(2)加强栽培管理　秋白菜适期晚播，做好种子消毒工作，使包心期避开多雨季节，并注意合理密植；深沟高垄栽培，及时排水去渍；结合间苗及时剔除病残株；合理灌溉，科学施肥，大白菜包心后不能缺水缺肥；收获后及时清园深翻；重病区或重病田块应合理轮作，一般与非十字花科蔬菜隔年轮作，最好能水旱轮作。

(3)化学防治　加强田间检查，重点检查早播地和低洼地，发现中心病株及时喷药保护，控制病害蔓延。喷药要以叶背面为重点，喷药如遇阴天、多雾和多露天气，应隔 5～7 天 继续喷药 1～2 次。防治霜霉病可选用 25％甲霜灵可湿性粉剂 750 倍液，或 69％安克锰锌可湿性粉剂 500～600 倍液，或69%双脲锰锌可湿性粉剂600～750倍液，或25%瑞毒霉可湿性粉剂800倍液，或75%百菌清可湿性粉剂500倍液等喷雾。施药时应注意不同化学试剂要交替使用。

问题56　怎样防治黑腐病？

黑腐病是世界性的十字花科蔬菜病害，尤其在甘蓝上为害严重。我国20世纪70年代即有该病的发生，80年代全国各地普遍流行。近年来，随着复种指数的增加，该病的发病程度和发病率均呈上升趋势，有些地区甚至造成20%～50%的减产，严重影响了我国蔬菜的生产和供应。

1. 病原

白菜黑腐病由黄单胞杆菌属细菌（*Xanthomonas compestris* pv. *compestris*(Dowson) Pte et al.,Xcc)侵染所致。该病菌不但侵染十字花科作物（白菜、甘蓝、油菜、萝卜和黑芥等），还存活于其他的杂草和观赏植物上。菌体杆状，大小为(0.7～3.0)微米 ×(0.4～0.5)微米，极生单鞭毛，无芽孢，有荚膜，可链生，革兰染色阴性，不抗酸，好气性。病菌生长发育温度范围5～38℃，最适温度25～30℃，致死温度51℃持续10分钟，在干燥的条件下可以存活1年以上。

2. 症状

黑腐病是一种维管束病害，它的症状特征是引起维管束坏死变黑。病菌从幼苗子叶叶缘的水孔侵入，引起发病，逐渐枯死或蔓延至真叶，使真叶的叶脉上出现小黑点斑或

细黑条。成株发病多从叶缘和虫伤处开始，出现“V”字形的黄褐色病斑，该部叶脉坏死变黑(见彩图 6-6)。病菌能沿叶脉、叶柄发展，蔓延到茎部和根部，致使茎部、根部的维管束变黑，植株叶片枯死，影响十字花科蔬菜的产量和品质。球茎受害时维管束变黑或腐烂，但无臭味，干燥时呈干腐状。种株发病，病原菌从果柄的维管束进入角果，或从种脐侵入种子内部，造成种子带菌。花梗和种荚上病斑为椭圆形，暗褐色至黑色，与霜霉病的症状相似，但在湿度大时生成黑褐色霉层。留种株发病严重时叶片枯死，茎上密布病斑，种荚瘦小，种子发育不良。

3. 病害循环

十字花科蔬菜细菌性黑腐病是一种种传病害，种子带菌率为 0.03%时就能造成该病的大规模暴发。因此，带菌种子是该病重要的初侵染源。在田间，病菌主要寄生在植株病残体上，在土壤中的病残体上黑腐菌可存活 2～3 年，而离开病残体其存活时间不超过 6 个星期，带菌的病残体是该病在田间最主要的初侵染源。此外，一些十字花科杂草也是该病菌的寄主，如独行菜、荠菜、野生萝卜、大蒜芥、臭荠和毛果群心菜等，所以，田间和田块周围的带菌的杂草也是该病的初侵染源之一。病原菌以雨水和灌溉水进行传播，据报道，在潮湿条件下，叶缘形成吐水液滴，病菌聚集在吐水液滴中，水滴也可将病菌传播到相邻的植株上。此外，田间昆虫取食和农事操作也可以将该病菌传播至健康植株上。田间杂草未及时清除或清除后仍堆放在田块周围，没有及时焚烧与深埋等处理，也会进一步增加病原传播与侵染的机会。

4. 发病因素

十字花科蔬菜黑腐病在温暖、潮湿的环境中易暴发流行。地势低洼、排水不良、播期过早、与寄主作物连作、种植过密、管理粗放、植株徒长和虫害严重等地块发病严重。温度为25～35℃，湿度为80%～100%时，幼苗发育不良，在子叶上形成坏死斑并最终枯萎死亡。在气温低于15℃时感病幼苗的症状和发病程度通常不明显。

5. 防治措施

针对上述黑腐病初侵染源及传播途径，可以通过农业防治、生物防治与化学防治等综合防治措施，防治该病的传播和蔓延。

（1）选用抗病品种　选用抗病品种，是一种经济、有效、安全的方法，目前‘中甘11号’、‘中甘15号’、‘中甘21号’、‘开春1号’和‘碧玉’等甘蓝品种较抗黑腐病；‘改良83-24’、‘德高1号’和‘正旺达12’高抗黑腐病。据报道，一些华北类型的晚熟大白菜对黑腐病也有一定的抗性。

（2）种子处理　播前进行温汤浸种或药剂拌种，具体操作是：50℃温水浸种20～25分钟，随后在20～30℃浸种3～4小时，沥水后催芽，待种子露白后播种。或种子用100毫克/升的链霉素，3%的过氧化氢处理种子30分钟，用清水洗3～4次，催芽，播种，可有效控制病菌传染。

（3）农业防治　避免与十字花科作物连作；深沟高畦，避免田间过涝；及时防治虫害，减少对植株的机械损伤；及时摘除病黄叶，收获后清除田间的残株病叶。

(4)化学防治　细菌性病害传播很快,短时间内就能在生产田中造成大规模的暴发流行。对该病应以预防为主,在作物发病前或发病初期施药,能有效地控制该病的发生与病原菌的传播。在白菜幼苗2～4片真叶时期,用3%中生菌素可湿性粉剂600倍液进行叶面喷雾,隔3天一次,连续喷2～3次。发病初期也可以喷施20%叶枯唑可湿性粉剂600～800倍液,隔7天喷一次,连续喷2～3次。此外,常用的防治药剂及方法还有:用50%琥胶肥酸铜(DT)可湿性粉剂500～700倍液,或14%络氨铜水剂400～500倍液,或77%氢氧化铜可湿性粉剂400～500倍液,或20%噻菌铜悬浮剂600～700倍液喷雾或灌根。另外,喷施抗病诱导剂可以诱导植物的免疫活性,大田喷施50%苯并噻二唑水分散粒剂,每公顷使用该药剂有效成分不超过35克,隔7天喷1次,连续喷4次,能够减少作物发病。

问题57　如何防治菌核病?

菌核病是十字花科蔬菜的主要病害之一,我国各地均有发生。在南方地区,除十字花科蔬菜采种株受害严重外,在大白菜、甘蓝和油菜的生长后期发病也较重,往往造成大片腐烂,损失很大。此病的寄主范围很广,除十字花科蔬菜外,还可危害番茄、辣椒、黄瓜、菜豆、胡萝卜、洋葱等多种蔬菜。

1. 病原

该病的病原是子囊菌亚门核盘菌属菌核盘菌(*Sclero-*

tinia sclerotiorum（Lib.）de Bary）。菌核表面黑色，内部白色，鼠粪状。种荚内的菌核较少，似菜籽。菌核萌发产生高脚酒杯状的子囊盘，子囊盘初为淡褐色，后变暗褐色。在子囊盘的表面着生无数子囊。子囊棍棒状，无色，内有 8 个子囊孢子。子囊孢子单胞、无色、椭圆形，在子囊内排成一行。菌丝不耐干燥，湿度低于 85%就不能正常生长，但对温度要求不严，在 0～30℃都能生长，以 20℃为最适。菌核不需要休眠即可萌发，在 5～20℃都能萌发，以 15℃为最适。但萌发前必须吸收一定的水分，所以要求有较高的土壤湿度。子囊孢子萌发的温度范围为 0～35℃，以 5～10℃的低温最有利，对湿度的要求不严，在较高的湿度下，不需要水膜存在就可以全部萌发。

2. 症状

白菜和萝卜的采种株多发生在终花期后，危害茎、叶及荚，以茎部受害为重（见彩图 6-7）。先从基部老叶及叶柄处发病，以后蔓延到茎部和根部。也有根部先发病，然后发展到茎部的。茎上病斑稍凹陷，初为浅褐色，后变成白色，最后病组织腐烂，破裂呈乱麻状，茎中空，生有黑色鼠粪状的菌核。在高湿条件下，病部表面及根部也有白色菌丝和黑色菌核，已抽薹开花的植株迅速萎蔫死亡。种荚受害产生白色病斑，后在荚内产生黑色小菌核，病荚不能结实或结实不良。大白菜、甘蓝及油菜等成株受害，多在地表的茎、叶或叶片上出现水浸状淡褐色凹陷病斑引起叶球或茎基部腐烂，病部密生白色棉毛状菌丝和散生黑色鼠粪状菌核，腐烂处无臭味。幼苗期受害则在茎基部生成水浸状病斑，很快

腐烂或猝倒。

3. 病害循环

病菌以菌核在土壤中或混杂在种子间越冬或越夏，也可在采种株上越冬。越冬或越夏的菌核一年有两个萌发的时期，南方地区为2—3月和11—12月。菌核萌发以后产生子囊盘和子囊孢子，子囊孢子成熟以后，稍受震动即行喷出，犹如烟雾，肉眼可见。子囊孢子随风、雨传播，也可通过地面流水传播。子囊孢子对老叶和花瓣的侵染能力强，随后，对健叶和茎部进行侵染。田间发病以后，病部外表形成白色的菌丝体，通过植株间的接触进行再侵染，特别是植株中、下部衰老病叶上的菌丝体，是后期病害的主要来源。发病后期，在病部上形成菌核进行越冬或越夏。

4. 发病因素

据报道，低温高湿有利于菌核病的发生和流行。当气温在20℃左右，相对湿度85%以上，有利于病菌的发育和侵入危害。在白菜、甘蓝等包心后，或白菜和萝卜种株抽薹开花后，如遇多雨天气则病害严重；在十字花科、豆科和茄科等蔬菜连作的地块病害容易加重发生；凡地势低洼、排水不良、大水漫灌、栽植密度过密或偏施氮肥造成枝叶徒长、通风不良的地块易发病。

5. 防治措施

对菌核病应采取农业防治为主、化学防治为辅的综合防治措施。

(1)消灭菌核　菌核是此病的初侵染源，因此消灭菌核是防病的首要措施。

①轮作:与水稻或其他禾本科作物进行隔年轮作,可消灭土壤中大部分的菌核。

②深耕:十字花科蔬菜收获以后,进行一次深耕,将菌核埋入6～9厘米以下的土层中,使其不能产生子囊盘或子囊盘不能顶出土面。深耕是旱地减少病源的重要方法之一。另外,在子囊形成期进行中耕,可破坏子囊盘的产生或埋入土中,减少子囊孢子的传播。

③种子处理:如种子混杂有菌核,可用10%食盐水或20%硫酸铵水进行选种,除去种子中的菌核,经处理的种子必须用清水多次清洗才能播种,以免影响其发芽率。

(2)加强栽培管理　合理灌水,科学施肥。避免偏施氮肥,增施磷钾肥,促进植株长势,提高植株抗病力。避免大水漫灌,雨后及时排水,低洼地采用高垄深沟栽培。在初花期和终花期分别进行一次摘除黄叶。彻底摘除植株下部的黄叶,不仅能防止病菌通过衰老黄叶进行传染,而且能改善植株间的透气性,降低湿度,对病害有一定的抑制作用。

(3)化学防治　采种株进入开花期,如病叶株率达10%,病茎株率在1%左右时就应开始喷药,以后每隔7～10天喷一次,共喷2～3次。药液应着重喷洒植株的茎基部、老叶和地面,常用的药剂有40%菌核净1500～2000倍液,或50%腐霉利1000～1200倍液,或70%甲基托布津可湿性粉剂1000倍液,或50%多菌灵可湿性粉剂500倍液;或70%五氯硝基苯粉剂每亩250克混细沙15千克,均匀撒在行间地面上。

问题 58　如何防治炭疽病?

炭疽病是十字花科蔬菜的主要病害，除危害白菜、甘蓝、芥菜和萝卜外，还危害油菜、紫菜薹、球茎甘蓝和羽衣甘蓝等。

1. 病原

该病是由半知菌亚门真菌希金斯炭疽菌（*Colletotrichum higginsianum* Sacc.）引起的。病菌的分生孢子盘散生，直径 25～42 微米。分生孢子梗倒钻形，无色单胞，(9～16)微米×(5～6)微米；分生孢子圆柱形，无色单胞，正直，两端尖至钝圆，内含油球，(15～22)微米×(6～7)微米。病菌生物学研究表明，炭疽菌孢子萌发适宜温度范围较广，为 12～38℃，最适温度为 26～28℃。pH 值在 4～8 时孢子均可很好地萌发，其中以 pH 值 4～5 为最适。炭疽菌的菌丝在 10～38℃下均可生长，而最适生长温度为 28～32℃，pH 值为 6 时生长最快。病菌产生孢子时，对光照时间长短不敏感，在 POA 培养基上当 pH 值为 8～9 时产孢量最多，有利于孢子产生的碳源是蔗糖，氮源为硝酸钙。

2. 症状

病菌主要危害叶片和菜帮（见彩图 6-8）。在叶面上病斑近圆形，直径 1～2 毫米，中央白色膜质，边缘褐色，有时周围叶组织变黄，病斑多时连接成大的病斑，但一般不造成叶片枯死。后期病部常常破裂或穿孔。危害叶帮时，形成梭形凹陷斑，一般主要生于叶背，严重时正面也有发生，淡褐色，长 1～5 毫米，大的可达 1～2 厘米。斑多时可发展到叶脉分支处，导致叶帮失水并引起叶片干枯，甚至植株死亡。在白菜上病斑未见黑点状菌体，而在油菜帮上有时在淡褐色的条斑上生有明显的黑点。

3. 病害循环

炭疽病主要在春末和早秋两季发病严重。南方地区，因田间终年种植十字花科作物，病菌不存在越冬问题，病菌借助接续产生的孢子囊在寄主植物上辗转危害。在长江中下游地区，病菌以分生孢子和菌丝在病残体或种子上越冬，是一个重要的种传病害。特别在远距离传播中，种子带菌更为严重。在田间的短距离传播主要依靠灌溉水和雨水传播，发病期间还可以被农具和人的衣服传带。孢子萌发后从气口或表皮直接侵入，发病后产生大量的孢子和菌丝，在田间反复侵染。

4. 发病条件

炭疽病的发生和流行要求较高的温度和湿度。因此，该病的发生与气温关系密切。同时，十字花科蔬菜炭疽病的发生还与蔬菜的栽培管理有关。一般地，早播田块，因其处于高温期的时间长，病害发生得就重。种在地势低洼或地下水位较高的田块，因湿度大，病害发生中等；采用育苗移栽的田块，因播期早，幼苗密度高，湿度大，发病也重。此外，与寄主作物连作、土地平整质量差、水肥管理不到位的田块，该病发病较重。

5. 防治方法

在生产实际中，炭疽病的防治采取以农业防治为主，化学防治为辅的综合防治措施。目前主要的防治措施有：

(1)适期播种,精耕细作　播种期应在每年适期中根据气象预报加以调整,如遇高温则适当晚播。高垄深沟栽培,整地要细致,且每畦的面积不可过大,以便灌溉、施肥和打药,避免局部积水或土壤过湿。

(2)轮作倒茬,加强栽培管理　上茬采收后即行深耕晒地,采用高垄直播。如需要育苗移栽,选用土壤已消毒的地块作为苗床地,并避免与十字花科蔬菜连作。有条件的地区实行3年以上的与非十字花科蔬菜的轮作。水旱轮作能大大减轻该病的危害。

(3)选抗病品种,种子消毒　一般而言青梗品种的抗病性要优于白梗品种。如青杂系列大白菜抗病性较好,可根据各地条件选用。播种时种子应进行消毒处理,如温汤浸种和拌种处理。

(4)化学防治　炭疽病可用80%大生600倍液、50%甲基托布津500倍液、72%克露可湿性粉剂800倍液、64%杀毒矾可湿性粉剂1000倍液、50%百菌清可湿性粉剂1000倍液防治。每隔5～7天喷一次,连续喷3～4次。

问题59　如何防治小菜蛾?

菜蛾属鳞翅目菜蛾科,又名小菜蛾、两头尖、方块虫、小青虫、吊丝虫。全国各地均有分布,以南方菜区为害特别严重。主要以甘蓝、花椰菜、白菜、萝卜、油菜等十字花科蔬菜为寄主。

1. 为害特点

初龄幼虫潜入叶肉内啃食,形成细小的隧道。二龄前在叶背咬食，残留叶面表皮，使叶片呈透明的斑块，俗称“开天窗”（见彩图6-9）。三龄以后，仍在叶背为害，将叶片吃穿成孔洞或缺刻。受到惊吓后幼虫激烈扭动、倒退，并吐丝下垂。虫口密度高时，可将叶肉全部吃光，只剩下叶柄和叶脉。成为小型娥类时，在留种株上，为害嫩茎、幼角果和籽粒。

2. 发生规律

各地发生代次不同，一年可发生多代，有世代重叠现象。华北地区年发生4～6代，南京10～11代，杭州11～12代，广东20代。在平均气温25℃以上时，完成一个世代仅需12～15天。小菜蛾产卵有趋嫩绿习性，叶菜生长越嫩绿，害虫密度越高。浙江及长江中下游地区每年的春末夏初和秋季有两个发生危害高峰，即3—6月和10—12月，常年秋季重于春季；华南地区则可终年发生。

3. 防治措施

(1)农业防治

① 合理布局，避免十字花科蔬菜连年轮作，可实行十字花科蔬菜与瓜、茄果、葱蒜等类蔬菜轮作技术，同时几种不同类的蔬菜进行间作套作，破坏小菜蛾食物链。

②蔬菜收获后，清除田间残株落叶，并随时翻耕，消灭越冬虫口。清除沟渠田边等处的杂草，减少成虫产卵场所和幼虫食料。

③合理施肥，重施有机肥，提高蔬菜抗逆力。

④根据蔬菜生长时期，提早或推迟种植期，使易受虫害的苗期避开小菜蛾危害高峰期。

(2)物理防治

根据小菜蛾趋光性的特点，在害虫发生期，可放置黑光灯或频振式杀虫灯诱杀小菜蛾，以减少虫源(见彩图 6-10)。性引诱剂诱杀成虫，在成虫发生期，利用小菜蛾性诱剂诱杀成虫，具体做法是将诱芯悬挂于诱饵盆上，盆口径 30 厘米，盆深 10 厘米，盆内加水至距盆口 3～4 厘米处，水中加入少许洗衣粉，每公顷放盆 30～45 个。对于保护地蔬菜，提倡推广使用防虫网，应用防虫网已经成为生产无公害蔬菜防治病虫害的一项关键技术，不仅能有效阻止害虫为害，减少或免除化学农药的应用，而且成为重要而有实效的综合防治措施之一。

(3)生物防治

①由于小菜蛾常年猖獗，发育期短，繁殖能力强，因此，对于小菜蛾的防治，应特别注意提倡生物防治，减少对化学农药的依赖。保护菜田中小黑蚁、菜蛾啮小蜂、菜蛾绒茧蜂等天敌种群，发挥天敌的控制作用，控制抗药性害虫的猖獗发生。

②生物防治常用的杀虫剂主要分为细菌杀虫剂、抗生素杀虫剂和昆虫生长调节剂三种。细菌杀虫剂可使用 Bt(苏云金杆菌)，每亩用药 50～100 克兑水 50 千克喷雾，还有 3.2%敌宝可湿性粉剂、50%都来顺可湿性粉剂、7.5%康多惠悬浮剂等。抗生素杀虫剂有 1.8%害极灭乳油 2000 倍液，采用阿维菌素与苏云金杆菌复配的农药有苏阿维和苏丹等品种，具有强烈的胃毒作用，兼有触杀作用，对抗性小菜蛾有较高的活性，药效能持续 10～15 天。昆虫生长调节

剂有5%卡死克乳油1000～2000倍液、5%抑太保乳油1000～2000倍液、5%盖虫散乳油1000～2000倍液以及25%灭幼脲(三号)悬浮剂5000～10000倍液和20%杀铃脲悬乳剂等，其中抑太保和卡死克必须在卵孵高峰期使用，机理是调节剂中的苯甲酰尿素的胃毒作用可抑制害虫几丁质合成酶的活性，阻碍幼虫蜕皮后新表皮的形成，导致死亡。此类农药速效性略差，但持续性长。

(4)药剂防治

全年应重点抓好4—5月份和10—11月份的防治，特别是抓好早春和10月份的甘蓝与留种田十字花科蔬菜的防治，以降低虫口基数。小菜蛾发生时，应首先选用高效、低毒、低残留的农药进行防治，防治最适期应在卵孵盛期至二龄幼虫发生期。应重点抓好叶背面和心叶的喷雾处理以提高防效。可选用5%锐劲特悬浮剂2500倍液，或24%美满悬浮剂2000～2500倍液，或40%新农宝乳油1000倍液，或3.5%锐丹乳油800～1500倍液，或25%广治乳油600～800倍液，或3.3%天丁乳油1000倍液，或40%毒死蜱乳油1000倍液，或55%农蛙乳油1000倍液，或90%万灵可湿性粉剂3000倍液等。使用化学农药时要注意两点，一是要做到交替使用或混合使用，切忌长期单一使用同一种类的化学农药，以避免或延缓抗药性的产生；二是要讲究用药时间，每年4月份和9月份，小菜蛾刚刚经历冷冻和酷暑，体质较差，这时候如果适当加大用药量，那么整年的虫口数量就会显著降低。

问题 60　如何防治蚜虫？

目前，已知的危害蔬菜的蚜虫主要有桃蚜、萝卜蚜和甘蓝蚜 3 种，分布国内各地。

桃蚜，属同翅目，蚜科，又名烟蚜、桃赤蚜、菜蚜、腻虫。全国各地均有分布。主要以甘蓝、花椰菜、白菜和萝卜等十字花科蔬菜为寄主。

萝卜蚜，属同翅目，蚜科，又名菜蚜、菜溢管蚜。主要以甘蓝、花椰菜、白菜、萝卜、油菜、青菜、芥菜、芜菁、菜薹等十字花科蔬菜为寄主，偏嗜白菜及芥菜型油菜。

甘蓝蚜，属同翅目，蚜科。又名菜蚜，主要以甘蓝、花椰菜、白菜、萝卜、青菜、芜菁等十字花科蔬菜为寄主，偏嗜甘蓝和花椰菜。

1. 为害特点

3 种蚜虫都是世界性害虫，分布范围极广。成虫及若虫在菜叶上刺吸汁液，造成叶片卷曲变形，植株生长不良和萎缩，不能正常抽薹、开花和结实。此外，蚜虫可以传播多种病毒病，造成的危害远大于蚜虫本身（见彩图 6-11）。

2. 发生规律

蚜虫在杭州一年可繁殖 20～30 代，繁殖能力极强且世代重叠。全年有春、秋两个迁飞和为害高峰，即 4—6 月和 9—11 月，尤其是秋季，因气温适中，又比较干燥，极适于蚜虫繁殖。蚜虫在田间先呈现点、片发生，以后再蔓延到全田为害。同时，蚜虫又是病毒病的传播者，蚜虫的大发生常伴随着病毒病的蔓延。在杭州，一般若遇到秋季高温干旱或暖冬，则秋冬菜或夏菜秧苗上的病毒病则比较重，所以防治病毒病的关键之一就在于治好蚜虫。

3. 防治措施

(1)农业防治

①尽量避免连作，实行轮作。

②在前一茬蔬菜收获后，首先要及时翻耕晒畦，清除田间杂物和杂草，并及时摘除被害叶片深埋，减少蚜虫源。

③合理施肥，蚜虫喜食碳水化合物，在蔬菜栽培过程中，要多施用有机肥，尽量少用化肥，尤其不能一次性施肥过多，尤其是氮肥。

④植物趋避，韭菜挥发的气味有趋避作用，如将其与其他蔬菜搭配种植，可降低蚜虫密度，减轻蚜虫危害；菜地周围种植玉米屏障也可以阻止蚜虫迁入。

(2)物理防治　针对蚜虫对黄色有较强趋性的原理，可在田间设置黄板，上涂机油或其他黏性剂诱杀蚜虫；还可利用蚜虫对银灰色有负趋性的原理，在田间悬挂或覆盖银灰膜，每亩用膜5千克；对于设施蔬菜，可在大棚周围挂银灰色薄膜条(10～15厘米宽)，每亩用膜1.5千克，可驱避蚜虫；也可使用银灰色遮阳网、防虫网覆盖栽培。

(3)生物防治　保护和利用天敌，发挥自然控制作用。蚜虫的常见天敌有七星瓢虫、食蚜蝇、草蛉、蚜小蜂等，它们对蚜虫有不可替代的杀灭作用。当田间蚜虫不多，数量在可控范围内，而天敌有一定数量时，不要使用农药，以免伤害天敌，破坏生态平衡，否则反而招致蚜虫为害。另外，可以充分利用植物来灭蚜和驱蚜，一是把辣椒加水浸泡一昼

夜，过滤后喷洒；二是把桃叶加水浸泡一昼夜，加少量生石灰过滤后喷洒；三是把烟草磨成细粉，加少量生石灰撒施，可收到良好的防治效果。

（4）药剂防治　防治蚜虫宜早不宜晚，应将其控制在点、片发生阶段。药剂可选用70％艾美乐水分散粒剂30000～40000倍液，或25％阿克泰水分散粒剂8000倍液，或20％康福多浓可溶剂4000倍液，或10％吡虫啉可湿性粉剂2500倍液，或50％抗蚜威可湿性粉剂2000～3000倍液，或10％千红可湿性粉剂2500倍液，或10％蚜虱净可湿性粉剂2500倍液，或40％氰戊菊酯乳油3000倍液，2.5％溴氰菊酯乳油3000倍液，或1％阿维菌素乳油1500～2000倍液，或3.5％锐丹乳油800～1000倍液，或2.5％敌杀死乳油3000倍液，或2.5％好乐土乳油2000～3000倍液，或2.5％大康乳油2000～3000倍液，或3.3％天丁乳油1000倍液，喷雾防治。喷雾时喷头应该向上，重点喷施叶片背面。保护地也可以选用杀蚜烟剂，在棚室内分散放4～5堆，暗火点烟，密闭3小时即可。

问题61　如何防治菜粉蝶？

菜粉蝶，属鳞翅目，粉蝶科，又名菜白蝶、白粉蝶，其幼虫称菜青虫，是一种常发性害虫，全国各地均有分布。偏嗜十字花科蔬菜，其中较喜好甘蓝和花椰菜，对春甘蓝的危害率可达100％，为害盛期百株虫量高达1500～1900头，产量损失高达25％，且大大降低产品的品质和实用价值。

1. 为害特点

菜粉蝶对蔬菜造成的危害主要是其幼虫菜青虫造成的危害，危害主要表现是：

(1)幼虫取食叶片直接为害。2龄前仅取食叶肉，使叶片只留下1层透明的表皮，3龄后蚕食整个叶片，咬成空洞和缺刻，严重时叶片被全部吃光，影响植株生长发育和包心，造成减产。

(2)幼虫排出的粪便污染菜心，并造成腐烂，严重影响叶片质量，降低商品价值。

(3)幼虫为害造成的伤口又可引起软腐病的侵染和流行(如大白菜、甘蓝的软腐病)(见彩图6-12)。

2. 发生规律

菜粉蝶年发生代数从南到北，由广州的12代至东北的4～5代，其中上海5～6代，南京7代，武汉、广州8代。除南方的广州等地无越冬现象外，其余各地均以蛹越冬。越冬场所大多在危害地附近的屋墙、篱笆、风障、树干、砖石、土缝和杂草间，也可以在十字花科蔬菜上以老熟幼虫越冬。温度20～25℃，相对湿度76%左右最适于幼虫发育，高于32℃，相对湿度68%以下时，幼虫大量死亡，故菜青虫形成春末夏初及秋季两个为害高峰，夏季由于高温干燥，菜青虫的发生也呈现一个低潮。

3. 防治措施

(1)农业防治

①清洁田园，收后及时处理残株、老叶和杂草，减少虫源。

②深耕细耙，尽量避免十字花科蔬菜连作，减少越冬虫源基数，控制危害。对于甘蓝，早春可通过覆盖地膜，提前定植，提早收获，避开第二代菜青虫的危害；花椰菜受害后，利用蔬菜自身的补偿能力，适当推迟收获期，可以弥补因菜青虫为害造成的损失。

(2)物理防治

对于保护地栽培，可使用防虫网，一般选用筛目25个/平方米的白色防虫网或银灰色防虫网(兼防菜蚜)，严密覆盖，且支架防虫网小拱棚的高度要超过50厘米，与菜叶保持一定的空间距离，以免菜粉蝶产卵于叶片上。

(3)生物防治

①保护和利用菜粉蝶天敌。已知的菜粉蝶天敌有60多种，对其有抑制效果的有十多种。利用天敌可以把菜粉蝶长期控制在一个不导致经济性危害的低水平，且效果长久。常用的菜粉蝶天敌昆虫有凤蝶金小蜂、微红绒茧蜂、广赤眼蜂等。

②使用菜青虫颗粒体病毒防治，在南、北方菜田间，可经常发现受该病毒感染而死的菜青虫，此病毒对菜青虫有极强的感染力，1～4龄的菜青虫感染它，死亡率高达100%，菜青虫田间自然染病率为10%～20%。用1∶20000倍浓度的该病毒液喷洒、感染各龄菜青虫，防治效果显著。同时平时及时收集感染此病毒而死的菜青虫虫尸，用时以每亩30～40头染病毒而死的虫尸，研磨处理后加水30～60千克稀释，加入0.1%洗衣粉喷雾，效果显著。菜粉蝶颗粒体病毒只侵染菜粉蝶和其近缘种，不侵害其他害、益虫，对人畜、

天敌安全，而且施用1～2次后，可在田间引起反复感染，防效持久。

③采用苏云金杆菌防治，苏云金杆菌对鳞翅目害虫有很强的毒杀力，菜青虫等幼虫食用毒素后，2～4天即中毒死亡。我国目前生产的商品苏云金杆菌制剂有青虫菌、140杀虫菌、7216杀虫菌等。可使用每克含有100亿芽孢的杀螟杆菌粉剂300～500倍液或每克含有100亿青虫菌芽孢菌粉300～500倍液喷施。应注意的是苏云金杆菌的速效性比农药差2～3天，另外，此菌制剂不可与杀菌剂和内吸性有机磷农药混用，否则将失效或防效大降。

④也可使用昆虫生长调节剂20%灭幼脲1号或25%灭幼脲3号胶悬剂500～1000倍液喷雾，可使菜青虫因蜕皮障碍而死亡。

（4）药剂防治

由于菜青虫世代重叠现象严重，3龄以后的幼虫食量加大，耐药性增强。因此，施药应在2龄之前，药剂可选用50%辛硫磷乳油1000倍液，或37%氯・马乳油3000倍液，或25%喹硫磷乳油2000倍液，或25%溴氰菊酯3000倍液，或18%杀虫双水剂500倍液，或20%氯戊菊酯乳油2000～3000倍液，或2.5%功夫乳油3000～4000倍液，或40%毒死蜱乳油800倍液，或2.5%敌杀死乳油3000倍液，或2.5%保得乳油2000倍液，或10%歼灭乳油1500～2000倍液，或2.5%天诺一号乳油2000～3000倍液，或2.5%好乐土乳油2000～3000倍液，或2.5%大康乳油2000～3000倍液，或25%广治乳油600～800倍液，或3.3%天丁乳油1000倍

液，或 80%敌百虫可溶性粉剂 1000～1500 倍液，或0.12%天力Ⅱ号（灭虫丁）可湿性粉剂 1000 倍液，或 5%锐劲特悬浮剂 2500 倍液，或 10%除尽悬浮剂 2000～2500 倍液，或 24%美满悬浮剂 2000～2500 倍液，喷雾防治。因世代不整齐，需连续防治 2～3 次。

问题 62　如何防治菜螟？

菜螟属鳞翅目、螟蛾科，别名菜心野螟、萝卜螟、甘蓝螟、白菜螟、灰斑野螟、钻心虫、剜心虫等，是一种世界性害虫，分布很广，我国各省均有分布，尤以南方和沿海各省发生较重。主要为害十字花科蔬菜，以小白菜、大白菜、甘蓝、萝卜、花椰菜、芥菜、油菜等受害较重，对秋冬季萝卜、甘蓝、大白菜威胁较大。

1. 为害特点

菜螟是一种钻蛀性害虫，初孵幼虫潜叶为害，隧道宽短；2 龄后穿出叶面，在叶上活动；3 龄吐丝缀合心叶，在内取食，使心叶枯死抽不出新叶易形成“无头苗”；4～5 龄幼虫可由心叶或叶柄蛀入茎髓或根部，形成粗短的袋状隧道，蛀孔显著，孔外缀有细丝，并排出潮湿的虫粪，使害苗枯死或叶柄腐烂。幼虫可转株为害 4～5 株。被害蔬菜由于中心生长点被破坏而停止生长，形成多头生、小叶丛生、无心苗等现象，致使植株停滞生长，或根部不能加粗生长，最后全株枯萎，整株蔬菜失去利用价值（见彩图 6-13）。

2. 发生规律

菜螟每年发生代数各地不一，一般每年发生 3～9 代，北方每年发生3～4代，长江流域6～7代，华南9代。多数菜螟在避风向阳、干燥温暖处以幼虫吐丝缀土粒或枯叶做丝囊越冬，少数以蛹越冬。成虫孵化后潜伏在菜地夜间活动，稍有趋光性。菜螟喜高温低湿环境，北京8—9月播种的秋白菜，在菜苗3～5片真叶期，浙江各地春季4—5月和秋季9—10月份，气温24℃左右，相对湿度约67%，恰和幼虫盛发期吻合，受害最重。

3. 防治措施

(1)农业防治

①调节播种期，适时播种，使幼苗3～5片真叶期与菜螟为害的高峰期错开，从而减轻受害。

②合理轮作、间作，种植安排茬口时，避免十字花科蔬菜连作，中断害虫的食物供给，实行轮作换茬，采用植物亲缘关系较远的葱蒜类与十字花科蔬菜间作，以减轻害虫种群数量。

③精耕细作，收获后清扫田园蔬菜的残体老叶，及时收拾处理干净，并深翻土地，消灭冬蛹。

④结合间苗定苗等田间操作，拔除虫苗，幼虫发生期及时增加灌水，提高田间湿度，杀死大量幼虫，减少田间虫口密度。干旱季节早晚淋水，消灭转株成虫。

(2)物理防治

① 结合间苗、定苗，拔除虫苗进行处理。根据幼虫吐丝结网和群集为害的习性，及时人工捏杀心叶上的幼虫，起到省工、省时、收效大的效果。

②灯光诱杀，在菜螟成虫羽化期，每亩菜园挂1盏诱虫

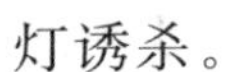

灯诱杀。

③性诱剂诱杀，把2～4头未交尾的活雌菜螟装在尼龙纱网制作的小笼子里作为诱捕器，吊挂在水盆上方诱杀雄菜螟。

(3)生物防治

①利用天敌防治，保护赤眼蜂等天敌，抑制菜螟的生长发育，防治菜螟等蔬菜害虫。放蜂时应选择晴天上午8：00—9：00，露水已干，日照不烈时进行。一般发生代数重叠、产卵期长、数量大的情况下放蜂次数要多，蜂量要大。通常每代放蜂3次，第一次可在始蛾期开始，数量为总蜂量的20%左右；第二次在产卵盛期进行，数量为总蜂量的70%左右；第三次可在产卵末期进行，释放总蜂量的10%左右。每次间隔3～5天。放蜂的方法有成蜂释放法和卵箔释放法，亦可将两者结合释放。

②利用生物农药防治，用杀螟杆菌粉剂，或青虫菌粉，或Bt菜农2号300～400倍液，或苏云金杆菌可湿性粉剂1000倍液，或25%灭幼脲3号悬浮剂800倍液，或1%苦参碱500倍液等喷雾，既能有效地杀灭害虫、保护天敌，又不污染蔬菜。

(4)药剂防治

菜螟是钻蛀性害虫，防治在成虫盛发期和幼虫卵化始盛期或者菜苗初见心叶被害时进行，重点保护植株心叶。选用高效低毒低残留的农药开始防治，可用5%锐劲特悬浮剂2500倍液，或10%除尽悬浮剂2000～2500倍液，或24%美满悬浮剂2000～2500倍液，或5%卡死克乳油3000～

4000倍液，或5%抑太保乳油2500～3000倍液，或2.5%敌杀死乳油3000倍液，或2.5%保得乳油2000倍液，或10%歼灭乳油1500～2000倍液，或98%巴丹原粉800倍液，或2.5%功夫菊酯乳油3000倍液，或55%农蛙乳油1000倍液，或2.5%天诺1号乳油2000～3000倍液，或2.5%好乐土乳油2000～3000倍液，或2.5%大康乳油，或5.7%天王百树乳油1000～1500倍液，或25%广治乳油600～800倍液，或3.3%天丁乳油1000倍液，或52.25%农地乐乳油1000倍液等喷雾防治。施药时尽量喷到蔬菜心叶上，并注意药剂的交替使用。

问题63 如何防治斜纹夜蛾？

斜纹夜蛾，属鳞翅目、夜蛾科，又名莲纹夜蛾、莲纹夜盗蛾、花虫。在全国均有发生，主要为害区在长江流域和黄河流域的中下游各省，在广西、广东、福建、台湾等地可终年发生，是一种食性很杂的暴发性害虫。为害的植物达99科290多种，其中，对甘蓝、白菜、萝卜、花椰菜等十字花科蔬菜危害特别严重。

1. 危害特点

该害虫以幼虫造成危害，主要取食蔬菜的叶片，幼虫共6龄，初孵幼虫群集在叶背，咬食叶肉，只留表皮和叶脉。2龄渐分散，仅食叶肉，虫口密度高时，可将叶片吃成扫帚状。3龄后将叶片吃成缺刻或者孔洞。4龄后进入暴食期，严重时将植株吃成光秆后转移危害，还可危害花及果实，造成落

花、落果、烂果等，也能钻入白菜、甘蓝等结球作物的叶球、心叶取食，造成烂心（见彩图 6-14）。排泄的粪便污染蔬菜，易使植株感染软腐病，严重影响蔬菜的产量和品质。

2. 发生规律

斜纹夜蛾在华北地区一年可发生 4～5 代，长江流域 5～6 代，如浙江地区一年发生 6 代，在华南地区可终年繁殖，无越冬问题，世代重叠。成虫夜间活动，有趋光性。斜纹夜蛾属喜温性害虫，抗寒力弱。发生危害的最适气候条件为温度 28～32℃，相对湿度 75%～85%，土壤含水量 20%～30%。长江中下游地区盛发期为 7—9 月，华北的黄河流域盛发期为 8—9 月，华南地区盛发期为 4—11 月。适温下，卵历期 3～4 天，幼虫期 15～20 天，蛹历期 6～9 天。

3. 防治措施

（1）农业防治

①作物收获后及时清除田间及周边杂草和残株落叶，杀灭部分幼虫和蛹，减少虫源。

②结合田间作业可摘除卵块及幼虫扩散前的被害叶。

③对高龄幼虫也可人工捕杀。

（2）物理防治

①覆盖防虫网：夏秋保护地可覆盖防虫网和遮阳网，防止斜纹夜蛾成虫侵入棚室产卵危害。防虫网可选用 25 目左右的聚乙烯防虫网，防虫网覆盖方式可根据作物的不同采取平棚、拱棚等多种不同的覆盖方法来进行防虫。

②频振式杀虫灯诱杀：对面积较大的蔬菜基地一般可安装黑光灯、频振式杀虫灯诱杀成虫，减少田间落卵量，防

效十分明显。挂灯高度1.5米，接虫盘下一定要有接虫袋，杀虫网要经常清扫干净。

③性诱剂诱杀：在斜纹夜蛾成虫发生期间，用斜纹夜蛾性诱剂诱杀雄蛾。一般每个斜纹夜蛾性诱剂诱芯可控制1亩地，每个诱芯使用时间为15天左右。在使用时应注意将硅橡胶诱芯用细铁丝串起悬挂于盆口中心处，诱芯距离水面0.5～1厘米，水盆每日傍晚及时补水及洗衣粉，诱芯及诱器白天均不收回。

④糖醋液诱杀：由于斜纹夜蛾对糖、醋、酒味敏感，故可配成糖：酒：醋：水＝6：1：3：10，再加少许敌百虫的糖醋液，每200平方米左右放1盆，每5～7天换1次糖醋液，降雨后要及时添加，直至10月中旬观测结束。

⑤杨树枝把诱杀：用杨树枝把蘸50%敌百虫可溶性粉剂500倍液，每把7～8枝，每枝长约50厘米，枝梢朝下，略高于植株，挂在田间竹竿上，每亩地放10把，可诱杀大量成虫。

(3)生物防治　斜纹夜蛾的昆虫天敌种类很多，有蜘蛛、步行虫、寄生蝇、黑卵蜂、赤眼蜂、小茧蜂、广大腿蜂等，其中赤眼蜂、黑卵蜂对斜纹夜蛾种群数量的控制效果较好，应用也较多。利用核型多角体病毒如十亿PIB奥绿Ⅰ号500倍液，或Bt 500倍液，或20%灭幼脲1号胶悬剂5000倍液和25%灭幼脲3号胶悬剂5000倍液等量混合液在幼虫3龄期前点片发生阶段喷雾。

(4)药剂防治　斜纹夜蛾第三至五代是危害的关键代数，可采用压低三代，巧治四代，挑治五代的防治策略。在

防治第三、四代时，还需喷药兼治菜田边杂草上的斜纹夜蛾，以最有效的压基数控制虫口密度。药剂防治应掌握在2龄幼虫分散前喷药。斜纹夜蛾幼虫具昼伏夜出的特性，一般选在傍晚6时以后施药，使药剂能直接喷到虫体和食物上，触杀、胃毒并进，增强毒杀效果，可以选用攻蛾悬浮剂800～1200倍液，或10%除尽（虫螨腈）悬浮剂1000倍液，或15%安打悬浮剂2000倍液，或20%虫酰肼（米满）悬浮剂1000倍液，或5%抑太保乳油1500倍液，或40%毒死蜱乳油1000倍液，或5%夜蛾必杀乳油1500倍液，或10%高效氯氰菊酯乳油1500倍液，或5%卡死克乳油1500～2000倍液，或10%歼灭乳油1500～2000倍液，或48%乐斯本乳油1000倍液，或5%氟铃脲乳油2000～2500倍液，或5%氟啶脲乳油2000～2500倍液，或2.5%氟氯氰菊酯乳油2000～3000倍液，或20%虫酰肼·辛硫磷乳油1000～1500倍液，或20%甲维盐·高氯1500倍液等喷雾防治。

问题64　如何防治根结线虫？

根结线虫属于土壤定居型内寄生线虫，属根结线虫科，根结线虫属。该病于1855年由Berkeley最先在英国温室的黄瓜上发现，是较早被发现的植物寄生线虫病害之一。该病的寄主十分广泛，超过3000种，分属114科。目前，世界已知根结线虫的种类81种，但引起蔬菜根结线虫病的线虫主要有南方根结线虫（*Meloidogyne incognite*）、北方根结线虫（*M. hapla*）、爪哇根结线虫（*M. javanica*）和花生根结线虫（*M. arenaria*）。其中，南方根结线虫的发生面积较大，危害蔬菜的种类最多，已成为危害蔬菜的优势种群，主要寄生黄瓜、丝瓜、苦瓜、甜瓜、番茄、茄子、辣椒、白菜等 20 多种蔬菜。一般造成减产 20%～30%，严重的减产 50%以上，甚至基本绝收。

1. 为害特点

发病初期，蔬菜地上部表现为发育不良，叶片黄化，植株矮小，结果较少且小，产量低，果实品质差，干旱时，感病植株易萎蔫，最终枯死，重病株拔起后用清水冲洗会发现植株侧根及须根上长出许多形态不规则的成串的瘤状物或整个根肿大，剖开根结或肿大的根体，在显微镜下可见病部组织有许多乳白色或淡黄色雌成虫，在病部组织里埋生许多鸭梨形极小的乳白色虫体，一般在根瘤或根结上常产生稀疏细小的新根，之后新根又被感染，形成根结肿瘤（见彩图6-15）。

2. 发生规律

2 龄幼虫为侵染幼虫，接触寄主根部后由根尖部侵入，在发病组织内取食，生长发育，并能分泌出吲哚乙酸等生长素刺激植物细胞，使之形成巨形细胞，致使根系病部产生根结。根结线虫生存最适温度为 25～30℃，高于 40℃或低于5℃都很少活动，55℃经 10 分钟致死。土壤湿度也是影响其发生与繁殖的重要因素，土壤湿度在 40%～70%时繁殖最快，也适宜其在土壤中的存活和累积，但在干燥或过湿土壤中其活动受到抑制。凡地势高且干燥，土质疏松的中性沙壤土适宜根结线虫的活动，发病重。尤其在沙性土壤的大

棚蔬菜基地，更易暴发成灾。土壤潮湿、黏土、板结的田块，不利于根结线虫的活动，发病轻。连作地块发病较重，连作期限愈长，发病愈重。

3. 防治措施

(1)农业防治

①清除病残体：及时清除设施温室内带有根结线虫病根病株、病残体、杂草，并集中烧毁，病坑用石灰进行消毒处理，防止病虫传播蔓延。对在疫区菜地内使用过的农机具严格消毒，防止根结线虫病传播、蔓延。

②轮作和倒茬：轮作可以改变根结线虫的寄主，是减少虫源，控制根结线虫蔓延危害的有效措施，同时也改良了土壤环境。轮作能减轻病情，若能进行3年以上轮作，效果更显著，最好与禾本科作物，如水稻，玉米等，进行水旱轮作。重发病田可以选择种植大葱、韭菜、辣椒等抗根结线虫病的蔬菜。

③生石灰翻地：每亩地可用生石灰75～100千克，使土壤环境不利于线虫生长，防效可达40%～60%。

④翻晒土壤：盛夏高温季节，根据根结线虫主要集中在10～20厘米深的土层中活动，55℃以上经过10分钟幼虫大量死亡的特点，隔10天深耕翻土1次，深度25厘米以上，共深翻土2次，曝晒10天。另外，对于大小拱棚，可以进行高温闷棚：选择歇棚期，棚膜不能撤去，棚室内温度可达到60～70℃，棚膜、墙体和土壤表层的病菌和线虫都可以被杀死。但由于土壤传热性能差，只能杀死土壤表层5～10厘米的线虫，防效大约为20%。

⑤大水漫灌：可以覆盖地膜，然后大水漫灌。可以与高

温闷棚同时进行，每隔3天左右进行一次，可杀死土壤中10～15厘米处深层土中的线虫，防效大约为20%。

(2)物理防治　可采用电防治法，采用物理植保技术可以有效预防植物全生育期病虫害，其中根结线虫病可采用土壤电消毒法或土壤电处理技术进行防治。根结线虫对电流和电压耐性弱，采用3DT系列土壤连作障碍电处理机在土壤中施加直流电30～800V、电流每平方米超过50安就可有效杀灭土壤中的根结线虫。

(3)生物防治　可用生态复合肥、金满田、康壮等生物肥进行生物防治，使土壤中的有益菌增多，促进土壤中有益菌群的形成，有益菌群能分泌一种酶，可抑制线虫的存活；同时，往土壤中施入生物肥可疏松土壤，有利于蔬菜根系的生长，植株健壮，在一定程度上可提高根系的抗线虫能力。可以使用线虫必克，线虫必克有效成分为高效食线虫真菌——厚垣孢子轮枝菌，每1克孢子颗粒剂含2.5亿活孢子，定植前每亩用量为2千克，沟施或穴施，生长期可拌土施于作物根部，现拌现用。淡紫拟青霉菌，该药施用量为每亩2.5～3千克，淡紫拟青霉菌1克颗粒剂含5亿活孢子，沟施或穴施。

(4)药剂防治　可在播种或定植前进行土壤处理，每亩用33%威百亩水剂3～4千克加水50～75千克，开沟浇施，或用10%噻唑磷颗粒剂每亩1.5～2.0千克，与适量细土或细沙混匀后穴施、沟施或撒施，或用3%米乐尔颗粒剂每亩沟施4千克。

定植后，每亩穴施10%力满库颗粒剂5千克，1.8%灭虫灵(阿维菌素)1000倍液，或24%万强(欧杀灭)乳剂500

倍液，或50%辛硫磷乳剂800～1000倍液，每株药液300毫升。当田间发生线虫病时，可用50%辛硫磷乳油1500倍液或80%敌敌畏乳油1000倍液，对发病植株每株根部灌药0.25～0.5千克进行防治。

生长期防治：每亩地可使用10%噻唑膦颗粒剂1.5千克，或0.5%阿维菌素颗粒剂15.0～17.5克，或5%硫线磷颗粒剂0.3～0.4千克，或5%丁硫克百威颗粒剂0.2～0.3千克，或3.2%阿维辛硫磷颗粒剂0.3～0.4千克，或每克含2亿活孢子的淡紫拟青霉2.5千克，或每克含2亿活孢子的厚孢轮枝菌2.0～2.5千克拌土开侧沟集中施于植株根部。

另外，对于大小拱棚，可以采用土壤熏蒸剂，具体做法为：用溴灭泰（溴甲烷）、线威、线克、必速灭、氰胺化钙（石灰氮）等进行土壤熏蒸，可杀死土壤中的病虫草鼠及微生物，是目前防治线虫效果较好的方法之一。要注意的是，使用土壤熏蒸剂处理后，土壤中的有益微生物大部分被杀死，因此需要在熏蒸完土壤后辅以生物肥的施用，以利于下一茬蔬菜的正常生长。

根结线虫病，必须严格实行以防为主、综合防治的植保方针，着重抓好农业、物理防治措施，配合化学防治，才能有效地预防其危害。

问题65　如何防治黄曲跳甲？

黄曲条跳甲，属鞘翅目，叶甲科，又名菜蚤子、土跳蚤、黄跳蚤、黄曲条菜跳甲、黄条跳甲。全国各地均有分布，主要危害甘蓝、花椰菜、白菜、萝卜、菜薹、芜菁、油菜等十字花科蔬菜，也可危害茄果类、瓜类、豆类蔬菜。

1. 危害特点

成虫食叶，以幼苗期危害最严重。刚出土的幼苗，子叶被吃完后，整株死亡，造成缺苗断垄。在留种地主要危害花蕾。幼虫只害菜根，蛀食根皮，咬断须根，使叶片萎蔫枯死（见彩图6-16）。萝卜受害呈许多黑斑，最后整个变黑腐烂；白菜受害，叶片变黑死亡，并且传播软腐病。

2. 发生规律

我国华北地区4～5代，上海、杭州、温州4～6代。以成虫在田间、沟边的落叶、杂草及土缝中越冬，越冬期间如气温回到10℃以上，仍能出土在叶背取食为害。全年以春秋两季发生严重，且秋季重于春季，湿度高的菜田重于湿度低的菜田。成虫喜高温中湿，一般在气温28～32℃、空气湿度80%左右时，最适宜其活动危害，当温度超过35℃或低于10℃时，即潜伏在荫蔽处。

3. 防治措施

(1)农业防治

①清园晒土，清除菜地残株败叶，铲除杂草，消灭黄曲条跳甲的成虫和幼虫，减少其越冬场所。

②在播种前7～10天深耕晒土，一般在夏季翻晒5～7天，秋季翻晒7～10天，每亩地施入生石灰100～120千克闷沤一段时间，可以杀灭幼虫和蛹，调节土壤pH值，改善其团粒结构。

③合理轮作，避免十字花科蔬菜，特别是青菜类连作，

中断害虫的食物供给时间。对不能轮作的田块，在前茬青菜收获后立即进行耕翻晒垄，待表土晒白后再播下茬青菜。

④水肥管理，加强幼苗期肥水管理，促小白菜早生快长，不单一或过量使用氮肥，适当增施磷、钾肥，有利于提高小白菜的品质和抗虫能力，缩短或度过幼株受害危险期；建立田间排水沟，及时排除田间渍水，降低土壤温度。

(2)物理防治

①在菜园边设防虫网或建立大棚，防止外来虫源的迁入。

②黄板诱杀，黄板是利用特殊光谱（一定的波长、颜色）及特殊胶质（黄油等专用胶剂）制成的黄色胶粘害虫诱捕卡，对黄曲条跳甲有较好的诱杀效果。一般每亩地使用25厘米×30厘米的黄板20～25张，以黄板底部低于菜叶顶部5厘米或与菜叶顶部平行诱杀效果最好。

③利用成虫具有趋光性及对黑光灯敏感的特点，使用黑光灯诱杀具有一定的防治效果。

④频振杀虫灯诱杀，针对黄曲条跳甲具有一定的飞翔能力和趋光性以及对黑光灯敏感的习性，在成虫盛发期利用频振杀虫灯诱杀成虫，可控制黄曲条跳甲的发生和危害。

⑤也可在菜畦床上铺地膜，有效防止成虫躲藏、潜入土缝中产卵繁殖。

(3)药剂防治

①土壤处理：在翻耕后、种植前对土壤用药处理，采用生石灰或无公害生产技术规程中许可的丁硫克百威、毒死蜱、辛硫磷、杀虫双颗粒、丁烯氟虫腈悬浮剂等化学农药进

行拌土杀虫、杀卵。

②种子处理:用丁硫克百威颗粒剂、丁烯氟虫腈悬浮剂等药剂拌种后播种,能杀灭土壤表层内黄曲条跳甲幼虫。

③幼虫的防治:黄曲条跳甲是十字花科苗期的重要害虫,应以保苗为重点,菜苗出土后立即调查,在幼龄期及时用药剂灌根或撒施颗粒剂,可选用48%乐斯本乳油1000倍液、50%辛硫磷乳油2000倍液、50%马拉硫磷乳油800倍液等药液淋根,也可每亩地撒施3%米乐尔颗粒剂或3%辛硫磷颗粒剂1.5～2.0千克杀死幼虫。

④成虫的防治:黄曲条跳甲成虫善跳跃,遇惊动即跳走,多在叶背、根部、土缝处等栖息,取食一般在早晨和傍晚,阴雨天不太活动。因此,在施药过程中一是尽可能做到大面积同一时间进行,由田块四周逐渐向内喷施,防止成虫逃窜,喷药要全方位喷,叶面、叶背、心叶、畦面、田埂都要喷到,喷药时动作宜轻,勿惊扰成虫,条件允许的,可先灌水至距畦面约10厘米再喷药,以免成虫逃逸,翌日清晨把水排干。二是要适时喷药,温度较高时成虫大多数潜回土中,一般可在7:00—8:00或17:00—18:00(尤以下午为好)施药,此时成虫出土后活跃性较差,药效好。药剂可选用5%锐劲特悬浮剂2000倍液,或2.5%敌杀死乳油3000倍液,或25%农地乐乳油1500倍液,或48%乐斯本乳油1000倍液,或50%跳甲绝乳油1000倍液,或80%敌敌畏乳油1000倍液,或10%氯氰菊酯乳油2000倍液,或2.5%溴氰菊酯乳油3000倍液,或50%辛硫磷乳油1000倍液,或90%晶体敌百虫1000倍液喷雾。

第七章　十字花科蔬菜栽培的生理障碍

问题66　缺硼会导致怎样的生理障碍，如何防治？

蔬菜缺硼的主要原因，一是大部分作物对硼的需求量较高，如油菜、芹菜、菠菜、萝卜等作物对硼高度敏感，另外一个原因是硼与硝酸盐一样易淋洗，而蔬菜栽培中尤其是设施栽培灌溉量过大，土壤可溶性硼很容易被淋失。

解决蔬菜缺硼可土施硼肥，在蔬菜播种或移栽整地前，每亩地施含硼量较高的颗粒状五水硼酸钠200克。也可采用叶面喷肥的方式补充硼素，它的特点是有效、经济、安全。由于硼在大部分蔬菜中的主要运输途径为木质部，所以这类蔬菜应该在需硼量最高的时期喷施，最有效的喷施时期是：茄果类蔬菜在苗后期、初花期共喷2～3次；根茎类蔬菜在苗后期至块根生长期喷2次；甘蓝、白菜等结球蔬菜在苗后期、莲座期、结球初期共喷2～3次；菠菜、油菜等叶菜类蔬菜在苗后期至生长旺期喷施2～3次。当田间发生缺硼症状时，应尽快喷施2～3次，每次间隔5～7天。若采用叶喷的方法，推荐施用水溶性和含量均较高的四水八硼酸钠，喷施浓度为800～1000倍。蔬菜苗期浓度可酌情降低，生长后期稍高，切忌超过施用浓度而造成硼中毒，导致叶片失绿变枯和花果脱落。

问题67　大白菜叶球生理障碍的发生原因有哪些，如何防治？

在大白菜进入莲座期以后，植株中心各叶片的尖端向内侧卷拢，人们称之为“拢帮”。叶柄逐步变短，叶身下部加厚，形成叶球的雏形，称为“卷心”。外层叶片迅速生长，构成叶球轮廓，称为“长框”。叶球内部叶片迅速生长充实，称为“灌心”。叶数越多，叶球越大越实。大白菜叶球形成时，由于外叶的同化作用，向叶球内提供养分。叶球内生长锥陆续发生新叶，并充实肥大为饱满的叶球。由于品种混杂退化及不良的外部环境（即栽培技术失误），常使结球过程中的大白菜发生某些生理障碍，如松球外部表现，叶球松弛，球体不实，不仅影响产量，而且降低品质。形成原因如下：

（1）大白菜为异花授粉作物，品种串花混杂，极易引起松球。

（2）播种过早，（夜）温度过高，呼吸作用旺盛，同化物质积累过少，叶球不易充实，形成松球。再则，光照时数过长，叶片的生长趋于开展，不利于结球，也会形成松球。

（3）播种过晚，生育期缩短，温度又低，由于得不到足够的积温而形成松球。

（4）肥水不足，根系吸收肥水发生障碍，如缺乏氮素，生长量小，叶球发育不良形成松球；缺钾叶球内的叶片变小而弯曲，形成松球。

问题 68　大白菜小黑点病的发生原因有哪些，如何防治？

1. 病症

本病主要危害甘蓝、白菜。茎、叶、花梗、蒴果及种子皆可被害，产生 0.2～1.0 厘米圆形具鲜明同心轮状褐色病斑，老叶发生较多。病原菌分别以菌丝或孢子在种子、病株残体、杂草和表土上存活，翌年产生分生孢子，为初次感染，经气流传播。终年栽植十字花科蔬菜的地区，全年均可发生。发病温度 11～24℃，相对湿度 72％～85％，连续阴雨、肥力不足、栽培后期常有本病发生。

2. 防治方法

（1）无病田收种子，种子消毒（50℃热水浸种 30 分钟）。

（2）调整栽培期以减轻发病程度。

（3）注意施肥并处理病叶。

（4）发病前药剂防治：喷洒 75％四氯异化苯睛可溶性粉剂 700 倍。

问题69 如何防治大白菜干烧心?

大白菜烧心病是一种生理性病害,因水分和营养失调引起,主要原因是白菜包心期缺钙。大白菜烧心病多在莲座期发病,结球后症状表现明显,贮藏期间发病最严重。发病症状主要表现为,受害叶片多在叶球中部,往往隔几层健壮叶片出现一片病叶。它的典型症状是:外叶生长正常,剥开球叶后可看到部分叶片从叶缘处变白、变黄、变干,叶肉呈干纸状,病健组织区分明显。

1. 主要原因

造成大白菜干烧心的主要原因有以下几点:

(1)土壤理化性状:地块土壤盐碱化程度高则发病重,这是因为土壤含盐量高对植株吸收钙有抑制作用。

(2)气候条件:大白菜生育期的降水,尤其是莲座期的降水量,既影响空气湿度,又影响土壤的含水量及土壤溶液浓度的变化,在大白菜苗期及莲座期干旱少雨的年份干烧心发病重。

(3)施肥时过多施用氮素肥料,土壤又很干燥时,一方面会增加土壤溶液浓度,另一方面也因为土壤中微生物活动受到抑制,部分铵态氮被根系直接吸收,因而影响植株对钙的吸收,引起干烧心。

2. 防治措施

为了避免大白菜干烧心的发生,提高大白菜的产量和品质,除选用抗病品种、合理轮作、适期播种外,还应采取如下措施:

(1)合理施肥　底肥以有机肥为主、化肥为辅。每亩施腐熟的有机肥4000～5000千克、过磷酸钙50千克、硫酸钾15千克及少量的尿素，增加土壤有机质含量，改善土壤结构，促使植株健壮生长。同时要选择土地平整、土质疏松、排水良好的地块，尽量不选地势低洼的盐碱地。浇水均匀，水质无污染，酸性土壤应增施石灰，调整土壤酸碱度。

(2)合理浇水　大白菜生育期水分供应要均匀，遇干旱要及时浇水，宜实行小水灌溉，使土壤不干不涝，灌溉后要及时中耕松土，防止板结，改善土壤结构，阻止盐碱上升。切忌大水漫灌，以免田间受涝损伤根系，妨碍吸收。尤其是莲座期应注意土壤湿度的变化，雨水多的年份要适当中耕、排水。

(3)适当补钙　叶面喷施钙素肥料，既能促进大白菜生长、改善品质，又能有效地防止大白菜“干烧心”的发生。通常自大白菜莲座期开始，每7～10天向心叶喷洒0.7%氯化钙和50ppm萘乙酸混合液或1%的过磷酸钙溶液50千克。施用时注意集中向心叶喷洒，连喷3～5次。

(4)补充锰肥　可于莲座期用0.1%高锰酸钾溶液或0.1%硫酸锰溶液50千克叶面喷施，每隔7天喷1次，连喷2～3次，也可与钙素混合喷施。

(5)注意茬口选择　在种植大白菜时，应避免与吸钙量大的甘蓝、番茄等作物连作。如果在番茄结果期发现脐腐病严重，说明该地缺钙严重，秋茬最好不要种植大白菜或补充钙肥后再种。

问题 70 花椰菜结球有哪些生理障碍,如何预防?

1. 常见的生理障碍

花椰菜生产上常见的生理障碍有结球不良、早花、绿花、毛花、紫花、黄花、散花、褐变等。

(1)结球不良　花椰菜不结球、结球晚或结小球,多由选种不当、品种不纯或混杂退化、引用品种不适应当地的气候条件等原因造成。花椰菜生长对环境条件要求严格,其营养生长适宜的温度为 8～24℃,花球形成适温为 15～18℃,≥24℃花球小而松散,≥30℃不能形成花球,≤8℃生长缓慢,≤1℃即受冻。

(2)早花　早期现球,球小,品质差。在育苗期间较长时期的低温,畦土偏干或土壤贫瘠,都会形成小老苗,发生早期现球。春花椰菜定植过早,地温低不利于发根,再遇寒流天气植株缓苗慢,生长不旺会出现花球早现。

(3)花色不正　花球在发育过程中遇到了寒冷干燥或低温多雾的天气是绿花的主要原因。另外,高温天气也易形成绿花。毛花形成的主要原因是花蕾在肥大的过程中遇到高温,使花蕾的表面上长出茸毛。紫花是由于花球临近形成时突然遇到低温寒流天气或受霜冻后造成的。黄花主要是花球形成中阳光直射造成的。

(4)散花　春花椰菜在花球成熟后如采收不及时,在高温下生长几天后花球即松散。春花椰菜播种定植过晚,花球生长在较高温度下形成的花球松散;在花球膨大期间土壤干旱、供水不足,则易发生散花。

(5)褐变 当气温≤1℃时，秋花椰菜花球受冻即变褐，甚至腐烂。春花椰菜成球后若收获不及时，高温强光下花球易变褐、松散。贮藏期间花球常出现褐色小斑点，并发生腐烂，主要是收获或贮运中花球受到机械伤害所致。

2. 预防措施

(1)引进优良品种 一般要求产地的气候条件与本地相近。引进种子前应先试种，再根据情况决定是否种植。要求引进的品种品质优良，纯度高，春季宜种中晚熟品种，秋季宜种早中熟品种。

(2)育苗管理 12月下旬温室育苗，第二年3月上、中旬保护地定植。露地栽培的2月上旬在温室育苗，4月中、下旬在苗龄70～80天时定植，6月中旬至7月上旬采收。育苗床土应肥沃，并加强对苗床温度、水分的管理。营养钵育苗的要防止伤根，壮苗定植。秋花椰菜播期要求更严格，6月中旬播种，7月中旬定植，9月底采收完毕。其发芽期和幼苗期处于炎热多雨或干旱的夏季，幼苗生长受到抑制，因此注意肥水管理，及时防病虫，除杂草，创造条件培养壮苗。最好覆盖遮阴网，防高温、暴雨等促进幼苗生长。秋花椰菜30～40天苗龄时定植。

(3)肥水管理 不论春、秋花椰菜在生长期间都应满足水肥供应，特别是在花球形成期。花椰菜定植后要结合浇水，追施尿素每亩10千克，缓苗后即行中耕，控制浇水，促使外叶节间短、叶色深、根系深扎和花球发育。要特别掌握好蹲苗技术，蹲苗期不宜过短或过长。一般在花球直径3厘米左右时结束蹲苗，然后及时浇水追肥，促进花球迅速生长。

最好每亩施尿素25千克，以促进花球形成并随即浇水，此后每7～10天浇1次水，始终保持畦面湿润。春、秋花椰菜均要及时防治蚜虫、菜青虫等虫害，以免影响植株生长和污染花球。

(4)盖花及采收　当小花球形成后要及时细致地盖好花球，以防阳光直接照射，有利于保持叶球白嫩。盖花可采取向内折叶的方法。花椰菜收获期不宜过早或过迟，否则影响产量和品质。春花椰菜要及时收获，以防花球松散、变色。秋花椰菜及时收获则可防霜冻。要求花球充分长大，质地洁白、致密，需在花球边缘尚未散开时采收。如边缘开始散开则应立即采收。上市时花球下带3～4片叶采收，避免花球碰伤和污染。

问题71　萝卜肉质根有哪些生理障碍，如何预防？

萝卜在不良的自然与栽培条件下，土壤含水量偏高，通气不良，肉质根皮孔加大，皮粗糙，侧根着生处形成不规则的突起，降低商品品质。肉质根形成盛期，土壤含水量稳定在20%左右较适宜。土壤干湿不匀，肉质根木质部的薄壁细胞迅速膨大，而韧皮部和周皮层的细胞不能相应膨大，易裂根。肉质根会发生畸形根、裂根、黑皮、黑心或糠心、苦味、辣味等影响品质的现象，应注意克服。

1. 影响品质的原因

(1)畸形根　导致畸形根的原因有：雨水大，灌水太多，土壤板结；未施腐熟的有机肥或施肥不匀；土壤耕作层太

浅，或根下有坚硬的石块；有机肥中含氮量过多，或尿素肥料直接接触肉质根等。

(2)裂根　天气长期干旱，土壤长期干燥，根的生长暂停，突然降大雨或灌水，根迅速生长，易发生裂根。

(3)黑皮或黑心　土壤坚硬、板结，通气不良；施用未腐熟的有机肥，土壤中微生物活动强烈，消耗氧气过多等，都易造成根部窒息，部分组织缺氧而出现黑皮或黑心。此外，黑腐病也引起黑心。

(4)糠心　部分生长期短、生长迅速、肉质松的品种，常因土温高，缺水，呼吸作用强，或收获晚，贮藏中高温干燥而发生糠心。土壤缺钾，肉质根积累养分不足或者某些品种"先期抽薹"，也易引起糠心。

(5)辣味　芥辣油的含量适宜，萝卜的风味佳。萝卜芥辣油的含量除与品种遗传性有关外，生长期间气候炎热、干旱、有机肥不足时，产生芥辣油则较多，造成辣味重。

(6)苦味　萝卜的苦味是因为根中产生了一种含氮的碱性有机物——苦瓜素。天气炎热，或氮肥过多、磷肥不足，或单纯施用较多氮素化肥时，常发生此现象。

2. 提高品质的措施

(1)选用优良品种　如萝卜肉质根入土较浅的品种不易发生畸形根；萝卜肉质根含水较少的品种及肉质致密的品种不易发生裂根；生长速度较快的白皮品种或杂种一代较绿皮品种的辣味轻、苦味轻，适于夏秋栽培。同时要选择品种纯正、粒大、充实饱满的种子，纯度和净度要达到95%以上。

(2)选择适宜的栽培季节　如生食的萝卜品种秋季适当晚播,其芥辣油含量低,品质好。

(3)选择土层深厚的土壤　土壤深翻是萝卜丰产的关键措施之一,要求耕细,深翻18～20厘米,翻后耙细。每亩施腐熟优质农家肥2000～3000千克,三元复合肥30千克。

(4)合理浇水,避免忽干忽湿　萝卜在不同生长阶段对水分的要求不同,发芽期要求供应充足的水分,促使发芽迅速、出苗整齐。幼苗期要掌握"少浇勤浇"的原则,在幼苗破肚期前一时期内,要少浇水、蹲苗,以抑制侧根生长,促使直根深入土层中。肉质根膨大期增加灌水量,保持土壤均衡而充足的水分。

(5)加强病虫害防治　萝卜主要害虫有蚜虫、菜青虫、黄条跳甲等,病害有黑腐病、病毒病、软腐病、黑斑病等,除了经常采用的物理和生物防治措施以外,还可用常用农药进行化学防治。

附　录

附录Ⅰ　十字花科蔬菜常用农药合理使用准则

农药名称	剂　型	每次每亩常用药量	每次每亩最高药量	施药方法	每季作物最多使用次数	安全间隔期（天）
阿维菌素	1.8%乳油	33 毫升	50 毫升	喷雾	1	7
敌敌畏	80%乳油	100 毫升	200 毫升	喷雾	5	≥5
乐果	40%乳油	50 毫升	100 毫升	喷雾	≥10	7
辛硫磷	50%乳油	50 毫升	100 毫升	喷雾	3	≥6
敌百虫	90%晶体	50 克	100 克	喷雾	5	≥7
氯氰菊酯	10%乳油	20 毫升	30 毫升	喷雾	3	≥5
溴氰菊酯	2.5%乳油	20 毫升	40 毫升	喷雾	3	≥2
氰戊菊酯	20%乳油	15 毫升	40 毫升	喷雾	3	≥2（夏菜），≥12（秋菜）
甲氰菊酯	20%乳油	25 毫升	50 毫升	喷雾	3	≥3

续表

农药名称	剂　型	每次每亩常用药量	每次每亩最高药量	施药方法	每季作物最多使用次数	安全间隔期（天）
氯氟氰菊酯	2.5%乳油	25毫升	50毫升	喷雾	3	≥7
顺式氰戊菊酯	5%乳油	10毫升	20毫升	喷雾	3	≥3
顺式氯氰菊酯	10%乳油	5毫升	10毫升	喷雾	3	≥3
氟胺氰菊酯	10%乳油	25毫升	50毫升	喷雾	3	≥7
苏云金杆菌	8000IU/毫克	60克	100克	喷雾	3	≥7
蚍虫灵	10%乳油	10毫升	20毫升	喷雾	2	≥7
抑太保	5%乳油	40毫升	80毫升	喷雾	3	≥7
毒死蜱	40.7%乳油	50毫升	75毫升	喷雾	3	≥7
伏杀硫磷	35%乳油	130毫升	190毫升	喷雾	2	≥7
齐墩螨素	1.8%乳油	30毫升	50毫升	喷雾	1	≥7
氢氧化铜	77%可湿性粉剂	134克	200克	喷雾	3	≥3
抗蚜威	50%可湿性粉剂	10克	30克	喷雾	3	≥11
甲霜灵·锰锌	58%可湿性粉剂	75克	120克	喷雾	3	≥1
恶霜灵·锰锌	64%可湿性粉剂	170克	200克	喷雾	3	≥3
三唑酮	25%可湿性粉剂	35克	60克	喷雾	2	≥7
百菌清	75%可湿性粉剂	100克	120克	喷雾	3	≥10
腐霉利	50%可湿性粉剂	45克	50克	喷雾	3	≥1
异甲草胺	72%乳油	100毫升	150毫升	土壤处理	1	
甲草胺	48%乳油	100毫升	200毫升	土壤处理	1	
草甘膦	41%水剂	150毫升	200毫升	喷雾	1	
草甘膦	30%可湿性粉剂	200克	250克	喷雾	1	

附录Ⅱ　绿色食品产地环境质量标准

该标准由绿色食品发展中心制定(中华人民共和国农业行业标准 NY/T391—2000)。

1. 空气环境质量要求

表Ⅱ-1　空气中各项污染物的浓度限值(毫克/立方米)(标准状态)

项　目	浓度限值	
	日平均	1小时平均
总悬浮颗粒物(TSP)	0.30	—
二氧化硫(SO_2)	0.15	0.50
氮氧化物(NO_x)	0.10	0.15
氟化物(F)	7微克/立方米 1.8微克/(平方分米·天)(挂片法)	20微克/立方米

2. 农田灌溉水质要求

表Ⅱ-2　农田灌溉水中各项污染物的浓度限值(毫克/升)

项　　目	浓度限值
pH	5.5～8.5
总汞	0.001
总镉	0.005
总砷	0.05
总铅	0.1
六价铬	0.1
氟化物	2.0
粪大肠杆菌群	10000(个/升)

注:灌溉菜园用的地表水需测粪大肠杆菌群,其他情况不测粪大肠杆菌群。

3. 土壤环境质量要求

表Ⅱ-3　土壤中各项污染物的含量限值(毫克/千克)

耕作条件	旱田			水田		
pH	<6.5	6.5~7.5	>7.5	<6.5	6.5~7.5	>7.5
镉	0.30	0.30	0.40	0.30	0.30	0.40
汞	0.25	0.30	0.35	0.30	0.40	0.40
砷	25	20	20	20	20	15
铅	50	50	50	50	50	50
铬	120	120	120	120	120	120
铜	50	60	60	50	60	60

注:(1)果园土壤中的铜限量为旱田中铜限量的1倍;(2)水旱轮作的标准值取严不取宽。

4. 产地土壤肥力分级

表Ⅱ-4　土壤肥力分级参考指标

项目	级别	旱地	水田	菜地	园地	牧地
有机质(克/千克)	Ⅰ	>15	>25	>30	>20	>20
	Ⅱ	10~15	20~25	20~30	15~20	15~20
	Ⅲ	<10	<20	<20	<15	<15
全氮(克/千克)	Ⅰ	>1.0	>1.2	>1.2	>1.0	—
	Ⅱ	0.8~1.0	1.0~1.2	1.0~1.2	0.8~1.0	—
	Ⅲ	<0.8	<1.0	<1.0	<0.8	—
有效磷(毫克/千克)	Ⅰ	>10	>15	>40	>10	>10
	Ⅱ	5~10	10~15	20~40	5~10	5~10
	Ⅲ	<5	<10	<20	<5	<5
有效钾(毫克/千克)	Ⅰ	>120	>100	>150	>100	—
	Ⅱ	80~120	50~100	100~150	50~100	—
	Ⅲ	<80	<50	<100	<50	—

续表

项 目	级别	旱 地	水 田	菜 地	园 地	牧 地
阳离子交换量(厘摩尔/千克)	Ⅰ	＞20	＞20	＞20	＞20	—
	Ⅱ	15 ～20	15 ～20	15 ～20	15 ～20	—
	Ⅲ	＜15	＜15	＜15	＜15	—
质 地	Ⅰ	轻壤、中壤	中壤、重壤	轻壤	轻壤	沙壤－中壤
	Ⅱ	沙壤、重壤	沙壤、轻黏土	沙壤、中壤	沙壤、中壤	重壤
	Ⅲ	沙土、黏土	沙土、黏土	沙土、黏土	沙土、黏土	沙土、黏土

注:土壤肥力各个指标,Ⅰ级为优良,Ⅱ级为尚可,Ⅲ级为较差。供评价者和生产者在评价和生产时参考。生产者应增施有机肥,使土壤肥力逐年提高。

附录Ⅲ 无公害食品蔬菜产地环境质量标准

该标准由农业部制定和修订(中华人民共和国农业行业标准 NY/5294—2004)。

1. 空气环境质量要求

表Ⅲ-1 空气中各项污染物的浓度限值(标准状态)

项 目	浓度限值			
	日平均		1 小时平均	
总悬浮颗粒物(TSP)(毫克/立方米)	0.30		—	
二氧化硫(SO_2)(毫克/立方米)	0.15[a]	0.25	0.50[a]	0.70
氟化物(F)(微克/立方米)	1.5[b]	7	—	

注:日平均指任何 1 日的平均浓度;1 小时平均指任何 1 小时的平均浓度。

a. 菠菜、白菜、黄瓜、莴苣、南瓜、西葫芦的产地应满足此要求。

b. 甘蓝、菜豆的产地应满足此要求。

2. 农田灌溉水质要求

表Ⅲ-2　农田灌溉水中各项污染物的浓度限值(毫克/升)

项　　目	浓度限值	
pH 值	5.5～8.5	
化学需氧量(毫克/升)	40[a]	150
总汞(毫克/升)	0.001	
总镉(毫克/升)	0.005[b]	0.01
总砷(毫克/升)	0.05	
总铅(毫克/升)	0.05[c]	0.10
六价铬(毫克/升)	0.10	
氰化物(毫克/升)	0.50	
石油类(毫克/升)	1.0	
粪大肠杆菌群(个/升)	40000[d]	

注：a. 采用喷灌方式灌溉的菜地应满足此要求。

b. 白菜、莴苣、茄子、蕹菜、芥菜、苋菜、芜菁、菠菜的产地应满足此要求。

c. 萝卜、水芹的产地应满足此要求。

d. 采用喷灌方式灌溉的菜地以及浇灌、沟灌方式灌溉的叶菜类菜地应满足此要求。

3. 土壤环境质量要求

表Ⅲ-3　土壤中各项污染物的含量限值(毫克/千克)

项　目	含量限值					
pH 值	＜6.5		6.5～7.5		＞7.5	
镉	0.30		0.30		0.40[a]	0.60
汞	0.25[b]	0.30	0.30[b]	0.50	0.35[b]	1.0
砷	30[c]	40	25[c]	30	20[c]	25
铅	50[d]	250	50[d]	300	50[d]	350
铬	150		200		250	

注：本表所列含量限值适用于阳离子交换量＞5 厘摩尔/千克的土壤，若阳离子交换量≤5 厘摩尔/千克土壤，其标准值为表内数值的半数。

a. 白菜、莴苣、茄子、蕹菜、芥菜、苋菜、芜菁、菠菜的产地应满足此要求。

b. 菠菜、韭菜、胡萝卜、白菜、菜豆、青椒的产地应满足此要求。

c. 菠菜、胡萝卜的产地应满足此要求。

d. 萝卜、水芹的产地应满足此要求。

附录Ⅳ 有机产品产地环境质量标准

该标准引自国家环境保护部有机食品发展中心。

1. 空气环境质量要求

表Ⅳ-1 空气中各项污染物的浓度限值(毫克/立方米)

项 目	浓度限值			
	日平均	任何一次	年日平均	1小时平均
总悬浮颗粒物	0.15	0.30		
飘尘	0.05	0.15		
二氧化硫	0.05	0.05	0.02	
氮氧化物	0.05	0.10		
一氧化碳	4.00	10.0		
光化学氧化剂				0.12

注:(1)日平均指任何1日的平均浓度不许超过的限制。

(2)任何一次为任何一次采样测定不许超过的浓度限值(采样时间为一天3次,7:00—8:00(晨),14:00—15:00(午),17:00—18:00(晚),连续采样3天)。

(3)年日平均为任何一年的日平均浓度均值不许超过的限制。

2. 农田灌溉水质要求

表Ⅳ-2 农田灌溉水中各项污染物的浓度限值(毫克/升)

项 目	浓度限值
pH	5.5～8.5
汞	0.001
砷	0.05(水田、蔬菜),0.1(旱田)
铅	0.1
镉	0.005
六价铬	0.1
氯化物	250
硫酸盐	250

续表

项　　目	浓度限值
硫化物	1.0
氟化物	2.0
氰化物	0.5
石油类	5.0
有机磷农残	不得检出
六六六	不得检出
DDT	不得检出
大肠杆菌群(个/升)	10000(生吃瓜果收获前1周)

3. 有机农业生产土壤标准

表Ⅳ-3　有机农业生产土壤浓度限值标准(毫克/千克)

土壤类型	铜	铅	镉	砷	汞	铬
棉土	23.0	16.8	0.098	10.5	0.016	57.5
土粪土	24.9	21.8	0.123	11.2	0.055	63.8
黑垆土	20.5	18.5	0.112	12.2	0.016	61.8
褐土	24.3	21.3	0.100	11.6	0.040	64.8
灰褐土	23.6	21.2	0.930	11.4	0.024	65.1
黑土	20.8	26.7	0.078	10.2	0.037	80.1
白浆土	20.1	27.7	0.106	11.1	0.036	57.9
黑钙土	20.1	19.6	0.110	9.8	0.026	52.2
灰色森林土	15.9	15.6	0.066	8.0	0.052	46.4
潮土	24.1	21.9	0.103	9.7	0.047	66.6
绿洲土	26.9	21.8	0.118	12.5	0.023	56.5
水稻土	25.3	34.4	0.142	10.0	0.183	65.8
砖红壤	20.0	28.7	0.058	6.7	0.040	64.6
赤红壤	17.1	35.0	0.048	9.70	0.056	41.5
红壤	24.4	29.1	0.065	13.6	0.078	62.6
黄壤	21.4	29.4	0.080	12.4	0.102	55.5
燥红土	32.5	41.2	0.125	11.2	0.027	45.1

续表

土壤类型	铜	铅	镉	砷	汞	铬
黄棕壤	23.4	29.2	0.105	11.8	0.071	66.9
棕壤	22.4	25.1	0.092	10.8	0.053	64.5
暗棕壤	17.8	23.9	0.103	6.4	0.049	54.9
棕色针叶林土	13.8	20.2	0.108	5.4	0.070	46.3
粟钙土	18.9	21.2	0.069	10.8	0.027	54.0
棕钙土	21.6	22.0	0.102	10.2	0.016	47.0
灰钙土	20.3	18.2	0.088	11.5	0.017	59.3
灰漠土	20.2	19.0	0.101	8.8	0.011	47.6
灰棕漠土	25.6	18.1	0.110	9.8	0.018	56.4
棕漠土	23.5	17.6	0.094	10.0	0.013	48.0
草甸土	19.8	22.4	0.080	8.8	0.039	51.1
沼泽土	20.8	22.1	0.092	9.6	0.041	58.3
盐土	23.3	23.0	0.100	10.6	0.041	62.7
碱土	18.7	17.5	0.088	10.7	0.025	53.3
磷质石灰土	19.5	1.7	0.751	2.9	0.046	17.4
石灰(岩)土	33.0	38.7	1.115	29.3	0.191	108.6
紫色土	26.3	27.7	0.094	9.4	0.047	64.8
风沙土	8.8	13.8	0.044	4.3	0.016	24.8
黑毡土	27.3	31.4	0.094	17.0	0.028	71.5
草毡土	24.3	27.0	0.114	17.2	0.024	87.8
巴嘎土	25.9	25.8	0.116	20.0	0.022	76.6
莎嘎土	20.0	25.0	0.116	20.5	0.019	80.8
寒漠土	24.5	37.3	0.083	17.1	0.019	80.6
高山漠土	26.3	23.7	0.124	16.6	0.022	55.4

主要参考文献

一、图书类

[1]陈桂华，蒋学辉，郑永利．十字花科蔬菜病虫原色图谱．杭州：浙江科学技术出版社，2005．

[2]陈景长，张秀环，彭凤云．蔬菜育苗手册．北京：中国农业大学出版社，2000．

[3]陈利锋，徐敬友．农业植物病理学．北京：中国农业出版社，2001．

[4]程智慧．蔬菜栽培学各论．北京：科学出版社，2010．

[5]丁万霞，李建斌，严继勇．甘蓝类蔬菜栽培与病虫害防治技术．北京：中国农业出版社，2001．

[6]董金皋．农业植物病理学（第二版）．北京：中国农业出版社，2007．

[7]段昌群，王红华，杨双兰．无公害蔬菜生产理论与调控技术．北京：科学出版社，2006．

[8]刘世琦，张自坤．有机蔬菜生产大全．北京：化学工业出版社，2010．

[9]吕家龙．蔬菜栽培学各论（南方本）．北京：中国农业出版社，2001．

[10]钱丽珠，储菊劲．绿叶类蔬菜栽培技术．上海：上海科学技术出版社，2000．

[11]邱正明，肖长惜．生态型高山蔬菜可持续生产技术．北京：

中国农业科学技术出版社,2008.

[12]山东农业大学. 蔬菜栽培学总论. 北京:中国农业出版社,2000.

[13]商鸿生,王凤葵,徐秉良. 白菜甘蓝萝卜类蔬菜病虫害诊断与防治原色图谱. 北京:金盾出版社,2003.

[14]司亚平,何伟明. 蔬菜育苗问答. 北京:中国农业出版社,2000.

[15]汪隆植,何启伟. 中国萝卜. 北京:科学技术文献出版社,2005.

[16]汪兴汉. 蔬菜环境污染控制与安全生产. 北京:中国农业出版社,2004.

[17]王秀峰. 蔬菜栽培学各论(北方本). 北京:中国农业出版社,2011.

[18]晏国英,宋玉霞. 蔬菜无公害生产技术指南. 北京:中国农业出版社,2003.

[19]郁樊敏. 高效蔬菜茬口及配套栽培技术. 上海:上海科学技术出版社,2007.

[20]虞轶俊. 蔬菜病虫害无公害防治技术. 北京:中国农业出版社,2003.

[21]张振贤,艾希珍. 大白菜优质丰产栽培:原理与技术. 北京:中国农业出版社,2002.

[22]张振贤,程智慧. 高级蔬菜生理学. 北京:中国农业大学出版社,2008.

[23]张振贤. 蔬菜栽培学. 北京:中国农业大学出版社,2003.

[24]浙江农业大学. 蔬菜栽培学各论(南方本)(第2版). 北京:中国农业出版社,1985.

[25]浙江农业大学. 蔬菜栽培学总论(蔬菜专业用)(第2版).

北京:中国农业出版社,2004.

[26]宗兆锋,康振生.植物病理学原理.北京:中国农业出版社,2002.

[27]苏小俊,庄勇,李彤,袁希汉.白菜类蔬菜栽培与病虫害防治技术.北京:中国农业出版社,2001.

二、论文类

[1]蔡娜丹,许映君,徐伟韦.花椰菜晚熟品种‘巴黎雪’春季高效栽培技术.中国园艺文摘,2011(1):131-132.

[2]陈慧,梁朝晖,谢燕青.不同规格穴盘育苗对大白菜生长及产量的影响.长江蔬菜,2011(12):38-40.

[3]陈国华,蔡灿,仇肖寅.青花菜工厂化育苗技术.长江蔬菜,2003(5):16-17.

[4]陈明刚.雪里蕻高产优质栽培技术.耕作与栽培,2009(3):64.

[5]陈少珍.出口西兰花无公害标准化栽培技术.福建农业科技,2012(3/4):66-68.

[6]丁万霞,李建斌,徐鹤林.春甘蓝新品种‘春雷’的特征特性及栽培技术.江苏农业科学,1997(1):54-55.

[8]高军,王神云,王红,于利,李建斌.越冬甘蓝新品种‘冬甘93’特征特性及栽培技术.上海蔬菜,2012(2):19-20.

[9]管有根,何立盛,朱根法.浙西地区无公害雪里蕻蔬菜栽培技术.现代农业科技,2008(22):56-59.

[10]何道根,何贤彪,金丽华.基肥对青花菜穴盘幼苗生长发育的影响.浙江农业科学,2009(4):659-661.

[11]何道根,何贤彪,林俊,金丽华,林亦献.育苗基质对青花菜幼苗生长发育的影响.浙江农业科学,2009(2):246-248.

[12]胡美华. 浙江省青花菜春季栽培技术. 当代蔬菜,2004(11):22-23.

[13]金福林,周焕兴,孟秋峰,王毓洪. 春榨菜'甬榨1号'不同播种期试验初探. 中国果菜,2009(1):37.

[14]金国明,章心蕙. 浙西地区春榨菜高产栽培技术. 中国果菜,2009(4):17.

[15]冷蓉,王彬,陈材林,周光凡,范永红,林合清,刘义华. 茎瘤芥杂交种'涪杂1号'丰产优质栽培技术. 西南园艺,2005,33(6):49-50.

[16]李东春. 西兰花春季育苗技术. 吉林蔬菜,2010(2):12.

[17]李红霞,李密,王云. 湘北地区无公害榨菜栽培技术. 长江蔬菜,2007(4):20-21.

[18]李建勇,张瑞明,杨忠,陈德章,孟凡磊. 上海地区中晚熟花椰菜栽培技术. 上海农业科技,2010(3):106.

[19]李玲燕. 夏秋季蔬菜育苗技术. 安徽农学通报,2010,16(15):241-242.

[20]刘明池. 蔬菜育苗经常出现的问题及解决方法. 蔬菜,2002(5):38-39.

[21]刘卫红. 秋早熟大白菜无公害生产技术规程. 河南农业科学,2008(11):116-118.

[22]孟秋峰,皇甫伟国,王毓洪,臧全宇,汪炳良. 浙江省春榨菜高产优质栽培关键技术. 浙江农业科学,2007(4):483-484.

[23]孟秋峰,汪炳良,胡美华,王毓洪,任锡亮. 不同生态类型的茎瘤芥(榨菜)品种与栽培模式. 中国蔬菜,2009(21):45-46.

[24]饶立兵,熊自立,孙继. 春大白菜早熟防抽薹栽培技术. 长江蔬菜,2003(10):33.

[25]山发育. 花椰菜结球生理障碍及预防措施. 长江蔬菜,2011(17):46-47.

[26]王广印. 菜花结球的生理障碍及其防止措施. 河南农业科学,1990(11):37-38.

[27]王立华. 大白菜周年栽培的技术措施. 长江蔬菜,2002(5):21-23.

[28]王树青. 春夏结球白菜栽培的关键技术及效益. 中国蔬菜,2005(1):42-43.

[29]吴敬明. 大白菜先期抽薹原因及防止. 山西农业,2004(3):26-27.

[30]吴丽霞,石凤旭,张云妹. 青花菜漂浮盘育苗技术. 上海蔬菜,2008(1):20-21.

[31]徐存素,油菜僵苗对症管理措施、农技服务,2007,24(3):59.

[32]姚星伟,张宝珍,孙德岭,等. 青花菜异常花球原因分析及防治措施. 中国蔬菜,2012(3):26-28.

[33]叶石峰,臧壮望,李峰. 蔬菜肥害产生的原因及预防措施. 上海蔬菜,2009(2):80.

[34]余阳俊.白菜类蔬菜(*Brassica campestris*)抽薹机理及晚抽薹育种技术研究(D). 中国农业大学博士论文,2006.

[35]张立松,刘发伦,张娜. 无公害花椰菜、青花菜工厂化育苗技术. 科学种养,2010(10):23.

[36]赵庚义. 蔬菜秧苗的运输. 北方园艺,1989(10):22-24.

[37]赵永志. 大白菜需肥特点与施肥技术. 中国农资,2012(37):18.

[38]赵振卿,虞慧芳,盛小光等. 花椰菜品种'浙801'的选育及栽培技术. 浙江农业科学,2011(5):996-998.

[39]朱富春. 反季节大白菜栽培技术. 西北园艺,2012(2):25-27.

社会主义新农村建设书系
服务“三农”重点出版物出版工程

《社会主义新农村建设书系》是浙江大学出版社以高度的社会责任心，精心组织实施“服务‘三农’重点出版物出版工程”，策划、出版的一套优秀“三农”出版物，为服务社会主义新农村建设做出应有的贡献。

本套丛书围绕以下四大板块策划选题：一是农村政策法律解读板块，包括农村基层组织建设、村镇党员干部培训、思想道德建设、法制普及、农村未成年人思想道德建设、村镇财务制度规范等。二是种植业、养殖业板块。三是社会主义新农村建设板块，包括海上浙江建设、村镇民居建设、生态环境保护、农家乐的开发与经营等。四是知识普及板块，包括科学知识普及、传统文化普及、文学艺术知识、医学健康知识、体育锻炼知识等。

本套丛书的选题在编写上、制作上以农村读者“买得起、看得懂、用得上、能致富”为原则；符合广大农村读者需求，贴近农民群众实际需要；通俗易懂，便于操作掌握；知识准确、不误导读者。

本套丛书融知识性、实用性、通俗性于一体，系统而全面，分类清晰，可帮助广大农民朋友快速了解、掌握和运用实用知识。

本套丛书可作为农民的知识普及性读物，也可作为社会主义新农村建设农民培训用书。

书目如下：

国家“三农”优惠政策300问
网上开店卖农产品200问
农民金融与保险知识300问
农民财务与税收知识300问
农民工商企业管理知识300问
农民学电脑用电脑210问
农民学法用法300问
十字花科蔬菜高效栽培新技术70问
农村生活污水处理160问
传染病防治200问
慢性病防治200问
健康膳食248问
绿色食品150问
无公害农产品150问
有机食品150问
农产品经纪人(中高级)实务
农作物植保员(初级)
中华鳖高效健康养殖技术
蓝莓栽培实用技术
农产品经纪人(初级)
居家养老护理
老年慢性病康复护理

有幸拜读浙江大学医学院附属第二医院护理部王华芬主任的《溃疡性结肠炎和克罗恩病照护指导》，甚感欣慰，终于盼到了一部主要针对照护管理、治疗的专业性和科普性并存的大作。热烈祝贺该书作为CCCF系列丛书之一出版，这是我们广大医护人员、患者及其家人的福音。

沈博

凯斯西储大学Lerner医学院教授

美国克利夫兰医疗中心IBD中心主任